KB167688

스페이스
도슨트

스페이스 도슨트

초판 1쇄 발행 2022년 3월 24일

지은이 방승환
펴낸이 조미현

책임편집 박승기
디자인 정은영

펴낸곳 ㈜현암사
등록 1951년 12월 24일 · 제10-126호
주소 04029 서울시 마포구 동교로12안길 35
전화 02-365-5051
팩스 02-313-2729
전자우편 editor@hyeonamsa.com
홈페이지 www.hyeonamsa.com

ISBN 978-89-323-2199-8 03540

스페이스 도슨트

Space Docent

방승환 지음

당신의 도시를 읽어드립니다

현암사

일러두기

- 단행본 · 작품집 · 시리즈 등의 책 제목은 『 』, 신문 · 잡지는 《 》, 수록 글, 법률, 보고서는 「 」, 사업 · 공모 · 기사 · 영화 · 노래는 〈 〉로 표기했다.
- 외래어 표기는 국립국어원 외래어 표기법을 따르되, 일반적으로 통용되는 경우일 때는 그에 따르기도 했다.
- 별도의 표시가 없는 한, 이 책에 실린 사진은 모두 저자가 직접 찍은 것이다.
- 더 상세한 자료와 설명은 수장고에 담았다.
  수장고 URL: https://blog.naver.com/archur/222657951121

아버지와 어머님에게

차례

Lobby

종잇장을 구겨놓은 듯한 형태의 로스앤젤레스 디즈니 콘서트홀

“반갑습니다. 스페이스 도슨트입니다.”

현대미술 앞에서 난처했던 경험이 누구에게나 한번쯤 있을 겁니다. 저도 자주 그런 경험을 합니다. 현대미술을 설명하고 해석해 주는 책에서는 배경지식이 없어도 ‘각자의 느낌대로’ 그냥 즐기라고 하는데, 솔직히 쉽지 않습니다. 작품을 아무리 뚫어지게 쳐다봐도 어떤 생각이나 느낌도 떠오르지 않는데 어떻게 즐기라는 건지 괜한 반발심도 생깁니다.

로스앤젤레스 현대미술관에서 잭슨 폴록Jackson Pollock의 그림을 봤을 때도 그랬습니다. 미국 현대미술의 대표적인 거장의 그림이지만 솔직히 제게는 낙서 같았습니다. 일단 교양수업 시간과 책에서 습득한 지식을 떠올려 봤습니다. 액션페인팅, 행위예술, 물감의 궤적, 물감 간의 시차 등등… 하지만 그런 방식으로는 그의 그림에 대한 지식을 확인할 수 있을 뿐 어떤 감흥도 느낄 수 없었습니다.

그러다 도슨트docent가 이끄는 한 무리의 사람들이 폴록의 그림 앞으로 왔습니다. 저는 자연스럽게 도슨트의 설명을 듣게 됐죠. 도슨트는 그림이 아닌 폴록의 삶에 대해 이야기해 주었습니다. 알코올의존증과 우울증 같은 문제로 정신병원을 드나들다 자동차 사고로 갑작스레 세상을 떠난 것까지 도슨트의 설명을 듣고 나서 다시 본 그림은 폴록의 심리상태를 보여주는 듯했습니다. 마치 관객에게 보내는 조난 신호 같았습니다.

미술관을 나오니 길 건너편에 종잇장을 구겨놓은 듯한 건물이 나타났습니다. 디즈니 콘서트홀 건물이었지요. 사진으로만 보던 건축물을 실물로 보자 건축물과 관련된 다양한 이야기들이 떠올랐습니다. 신이 나서 열심히 사진을 찍는데, 함께 온 친구가 이 건물이 이렇게 생긴 이유를 물었습니다. 친구에게 이 건물은 특이한 형태를 가진 것 외에 다른 의미는 없는 것 같았습니다.

그래서 친구에게 건축물이 지어진 이 도시의 역사, 한 가문의 기부, 그들이 만든 테마파크의 의미, 착공되던 해 도시에서 일어난 엄청난 사건, 건축가의 성장 배경과 같은 다양한 이야기를 들려주었습니다. 이야기를 다 들은 친구가 제게 말했습니다.

"너 도슨트 같다. 미술관 도슨트 말고 스페이스 도슨트space docent."

공간에 대한 이야기context는 다양한 사실text들을 어떻게 해석하느냐에 따라 달라질 수 있습니다. 도시와 지역의 입지, 그곳에서 일어난 사건과 역사, 특정 장소를 소재로 한 문학작품, 건축물을 설계한 건축가의 의도 심지어 장소의 특징을 분석한 보고서가 이야기를 이루는 다양한 사실이 될 수 있습니다. 친구의 말을 듣는 순간 예술 작품을 관람객에게 설명해주는 미술관의 도슨트처럼 도시와 건축물을 해석해주는 '스페이스 도슨트'가 있다면 우리 주변의 공간들이 더 의미 있게 느껴질 수 있겠다는 생각을 했습니다.

이 책은 이야기로 지은 미술관입니다. 공간에 대해 제가 해석한 이야기를 스페이스 도슨트가 되어 여러분들에게 들려드리기 위해 썼습니다. 물론 실제 존재하지 않는 미술관이지만 그럼에도 층으로 나뉘어 있고 중간에는 잠시 쉴 수 있는 카페도 있습니다. 각 층에는 많은 사람들에게 알려져 있는 장소와, 그렇지 않지만 스페이스 도슨트로서 독자들에게 꼭 소개해드리고 싶은 장소가 함께 있습니다. 스페이스 도슨트의 안내를 통해 여러분들은 익숙한 장소의 낯선 역사를, 잘 몰랐던 장소와 관련된 친숙한 인물을 만나게 될 것입니다. 마지막으로 여러 사정상 책에 수록하지 못한 자료와 설명은 수장고에 모아 두었습니다. 수장고 주소는 '일러두기'에 표시해 두었습니다.

이제 곧 스페이스 도슨트의 투어가 시작될 예정입니다.

소지품은 보관소에 맡기시고 편안한 마음으로 저를 따라오시면 됩니다.

L

1F

서울시청 앞 광장

건축명 서울광장과 서울시청 신청사

설계자 유걸(아이아크 건축사사무소), 삼우종합건축사사무소, 희림종합건축사사무소

주소 서울특별시 중구 세종대로 110

서울만의 다양성을 담다

90년의 시차를 두고 함께 서 있는 옛 서울시청사와 신청사

어떤 광장이 어울릴까

서울도서관의 한쪽 어깨에 올라탄 서울시 신청사와 잔디 깔린 서울광장을 지우면 그때 내가 봤던 풍경이 된다. 2003년 3월 17일, 서울시 중구를 졸업 작품 대상지로 정하고 첫 번째 답사를 하는 날이었다. 자동차가 뒤엉켜 있는 서울시청 앞 교차로를 보며 졸업 작품을 함께하기로 한 BG를 기다리고 있었다. 잠시 후 BG가 왔다.

"서울시청 앞에다 광장을 만든다는데 잘될까?"

"가뜩이나 차가 이렇게 막히는데 광장을 만든다고? 그리고 어떤 모습이 됐든 그게 광장이겠어?"

"그렇기는 하지. 하지만 우리에게 어울리는 광장이 서유럽의 광장이라고 볼 순 없지 않을까?"

"그렇게 생각할 수도 있겠네. 그럼 이번 응모작들 중 그 질문에 대한 답을 제시하는 안이 있을 것 같은데."

이후 서울광장에 갈 때마다 BG와 나누었던 대화가 떠오른다. 그리고 광장에 서서 천천히 주변을 돌아보면 덕수궁부터 가장 최근에 준공된 서울도시건축전시관까지, 서울광장을 보는 각 시대의 시선이 담긴 건축물들이 하나씩 눈에 들어온다.

대한제국을 기념하는 공공 공간

고종과 구한말의 대신들은 비록 광장의 형태는 아니었지만 서울시청 앞을 상징적인 공간으로 만들고자 했다. 서울을 근대적인 도시로 만들기 위한 사업은 러일전쟁이 일어나기 전까지 계속됐는데, 그 모델은 미국의 수도 워싱턴 D.C.였다. 개조사업을 주도한 총리대신 겸 내부대신이었던 박정양은 초대 주미공사를 역임했고 양지아문量地衙門의 부총재관 중 한 명이었던 한성판윤(現 서울시장) 이채연은 당시 박정양의 수행원이었다. 양지아문은 국토개발을 위한 대규모 토목공사를 계획하면서 전국의 토지를 측량하기 위해 1898년 설치한 관청이다. 박정양과 이채연은 현재 을지로와 소공로, 그리고 남대문으로 연결되는 세종대로를 확장하고 육조거리(現 광화문광장)로 연결되는 세종대로와 서소문로를 신설하면서 여섯 개의 길이 만나는 교차로를 만들었다.

워싱턴 D.C.는 방사상 도로 체계를 갖춘 대표적인 도시다. 도로가 모이고 흩어지는 지점에는 도시와 국가를 대표하는 기념물이나 건축물이 있다. 서울광장이 워싱턴 D.C.의 방사상 도로체

덕수궁의 정문인 대한문(위)과 환구단의 정문(아래)

계를 기반으로 했다면 고종과 구한말의 대신들이 기념물로 생각했던 건 무엇이었을까? 서울도서관(옛 서울시청사)이 이곳에 세워진 시기는 개조사업이 끝난 뒤인 1925년이었다. 그러니 시간을 더 뒤로 돌려야 한다. 광장에 서서 서울도서관보다 나중에 지어진 건물들을 하나씩 지우면 두 건물만 남는다. 하나는 덕수궁의 정문인 대한문이고 나머지 하나는 환구단의 정문이다. 이 두 문은 서울광장 동쪽과 서쪽에서 마주 보고 있다. 아관파천 후 고종은 경복궁이 아닌 덕수궁을 대한제국의 황궁으로 정했다. 그리고 이듬해 환구단을 쌓았다. 환구단은 천자가 하늘에 제사를 드리는 곳이다.

고종이 계획한 방사상 도로 체계에 대해 누군가는 "군주가 신하를 통해 백성과 만나는 '단방향의' 위계적인 서열이 아니라 황제가 직접 만민과 소통하는 '다방향의' 직접적 관계가 도로망으로 표현되었던 것"[1]이라 평했다. 하지만 워싱턴 D.C.의 모델은 유럽 도시 중에서도 절대 권력을 표상하는 바로크 도시인 로마, 카를스루에, 파리다. 고종이 계획한 방사상 도로 체계에서도 기념의 대상은 만민이 아닌 자신이 머무는 궁과 자신이 천자임을 보여주는 제단이었다. 무엇보다 고종이 세운 나라는 공화국이 아니라 제국이었다. 그들에게 덕수궁과 환구단 사이의 방사상 도로는 백성보다 신생 제국을 이끄는 황제를 위한 공간이었다.

한시적 광장에서 항시적 광장으로

'2002 한일 월드컵'을 통해 서울시청 앞 교차로는 항시적 광장으로서의 가능성을 우리에게 보여주었다. 물론 그전에도 중요한 역사적 사건 때마다 서울시청 앞 교차로는 광장으로서의 가능성을 드러냈다. 2002년 11월, 〈서울시청 앞 광장 현상설계 공모〉가 있었고 이듬해 1월 말 결과가 발표됐다. 지나고 나서 보니 당시 선정된 설계안 중 당선작을 제외한 2등 안과 세 개의 3등 안에 모두 크고 작은 원 혹은 타원이 포함되어 있다. 그리고 설계자들은 '태극', '마당', '하늘' 등의 키워드로 자신들이 그린 원을 설명했다. 현재 서울시청 광장을 채우고 있는 잔디밭의 형태가 타원이다. 원과 타원은 모두 구심점이 강한 도형이다. 광장을 둘러싼 주변이 워낙 다양하고 복잡하기에 그 속에서도 중심은 이곳이라는 메시지를 전달하기 위함이었을 테다.

하지만 정작 당선작에는 구심점이 강한 기하학이 없었다. 당선작의 핵심은 2003개의 LCD모니터를 바닥에 설치하는 것이었다. 당선작을 제안한 서현은 LCD모니터를 세상과 시민들을 이어주는 매개체로 봤다. 그리고 자신의 안을 '빛의 광장'이라 설명했다. 디자인 자체만 보면 빛의 광장이 보여주는 바는 별로 없었다. 광장이라는 공간의 속성이 비어 있음이듯 빛의 광장도 빈 공간 그 자체였다. 그래서 서현은 설계안 자체보다 광장의 운영 방

서울시청 앞 광장 현상설계 공모 당시 당선작과 수상작
(출처 : ① 서현 외 2, ② 동남아태종합건축사사무소 외 5, ③ 삼성에버랜드,
④ 가원조경기술사사무소 외 1, ⑤ 레인보우스케이프)

식과 이를 통해 드러날 현대사회의 속성을 설명하려고 했다. 시민들이 시민사회를 유지하는 방식은 직접, 보통, 평등, 비밀의 원칙에 의한 투표권 행사다. 같은 맥락으로 시민들은 광장에 깔린 모니터 중 단 한 개만 임대할 수 있다. 모니터를 임대한 사람들은 자기가 원하는 어떤 화면이든 올려놓을 수 있지만 비밀은 보장되지 않는다. 책임 있는 의사 표명을 위해서다. 투명함을 전제로 한 책임질 수 있는 발언은 서현이 생각하는 민주사회의 힘이었다.[2]

모든 사람들의 이목이 집중된 땅을 대상으로 진행된 현상설계였으니 당연히 당선작에 대한 비판의 목소리가 나왔다. 그리고 그 중심에는 '실현 가능성'이 있었다. LCD모니터를 바닥에 깔아놓는다는 발상은 선례를 중시하는 조직이 받아들이기에는 쉽지 않은 계획이었다. 선례가 없다는 건 발생할 수 있는 위험을 감내해야 하는 것과 그 위험에 대응할 방안도 찾아야 한다는 것을 의미한다. 그들에게 이는 반갑지 않은 일이다. 하지만 선례가 없다는 건 동시에 진취적인 일이기도 하다. 문제는 선례가 없어서 실현 가능성이 없다는 공무원들의 주장에 설계자는 오히려 선례가 있다면 자신들은 디자인을 바꿨을 것이고 선례가 없는 것이 자신들 설계안의 강점이라고 주장했다. 선례가 '있다', '없다'의 싸움은 그 정도에서 그친 듯하다. 어쩌면 제안을 했던 서현이나 당선된 안을 떠안게 된 공무원들이나 선례 유무를 절충할 생각은 처음부터 없었는지 모른다.

당선작이 선정되고 4개월 뒤 서울시청 앞에 광장이 생겼다. 하지만 현상설계 때 제안됐던 그 어떤 모습도 아니었다. 광장에는 잔디가 깔린 타원과 한쪽에 설치된 바닥분수가 전부였다. 당연히 이 광장에 대한 비판도 일었다. 혹자는 '컵 속에 든 달걀'이라고 했고 또 어떤 이들은 '일장기'를 닮았다고 했다. 타원을 특정 방향에서 보면 동그랗게 보이는데 이 모습이 대청마루에 비친 보름달이라는 작품설명이 어딘가에 실렸다. 결론적으로 시민들은 광장을 잘 이용했다. 한쪽에서는 그런 모습에 긍정적인 평가를 내리기도 했다. 하지만 광장 개장 후 그곳에서 본 풍경은 내가 알고 있는 광장보다는 공원의 모습에 더 가까웠다. 그 모습 속에서 '현대 시민사회에서 광장은 무엇이어야 하는가?'라는 답은 찾을 수 없었다.

시청은 우리에게 무슨 의미여야 하는가?

'99퍼센트의 찬성과 100퍼센트 지지.' 언론에서 이런 표현을 접할 때 우리는 이면의 허구성을 짐작한다. 최소한 이런 표현을 쓰는 사회가 다양성을 지니고 있다고 보지는 않는다. 하지만 서로 다른 것이 그냥 병치돼 있다고 해서 다양성이 있다고 말할 수도 없다. "서로 다른 것의 어우러짐을 재미있게 받아들이고 존중하는 것이 진정한 조화를 이루는 다양성이다."[3] 이 말은 내가 아닌 서울시 신청사 재설계를 위한 '초청 공모전'에

서울시 신청사 건립 전후 서울광장의 모습
2004년 촬영(위), 2013년 촬영(아래)

서 당선작을 제안한 건축가 유걸의 말이다. 그의 설계안이 당선되기는 했지만 현재 서울시 신청사를 유걸의 설계라고 보는 사람은 거의 없다. 실제 건축까지 지난한 과정이 있었기 때문이다.

서울시청의 전신인 한성부청사는 현 광화문 교보빌딩 인근과 신세계백화점 본점 자리를 거쳐 1925년 10월 이곳에 자리를 잡았다. 당시는 경성부청사였다. 해방 후 역사적, 기능적인 이유로 서울시청을 이전해야 한다는 의견은 끊이지 않았다. 1960년대 김수근의 여의도 계획안, 1970년대 강남개발 계획안, 1990년대 용산 이전 계획안 등에서 서울시청은 새로운 지역을 개발하는 데 필요한 중심 역할을 맡았다. 그러다 2003년 서울광장이 조성되면서 서울시청은 흔히 우리가 생각하는 시청으로서의 주변 여건을 갖추게 됐다. 이제 시청이 움직일 필요는 없었다. 그리고 2005년 당시에는 예상하지 못했던, 누구도 승자라 할 수 없는 과정이 시작됐다.

결과론적인 얘기지만 지금 와서 전문가들은 서울시청 신청사가 지어진 7년의 과정은 그 첫 단추라 할 수 있는 '아이디어&턴키Idea&Turn-key 공모방식'부터 잘못됐다고 평가한다. 아이디어 공모방식과 턴키 공모방식이 합쳐진 이 방식은 당연히 일반적인 설계공모방식은 아니다. 그렇다고 서울시청 신청사가 이 방식을 적용한 첫 번째 사례도 아니었다. 서울시는 노들섬 공모전에 이 방식을 처음 적용했는데, 당시 서울시 부시장은 한 잡지와의 인터뷰에서 아이디어&턴키 공모방식의 추진 배경에 대해 "좋은 안을 받고자 하나, 관공서의 발주여건으로는 합당한 설계비를 보장하지 못하기 때문"[4]이라고 말했다.

두 단계 공모와 몇 차례의 문화재 심의를 거치면서 신청사는 성냥갑 형태로 최종 결정됐다.[5] 하지만 이번에는 '상징성의 결여'라는 여론의 반대에 부딪혔다. '새로운 서울시청의 상징은 무엇인가?', '대도시 서울에서 랜드마크는 무슨 의미를 가져야 하는가?' 그리고 무엇보다 '현대 시민사회에서 시청은 무엇을 의미하는가?'라는 질문에 대한 답이 빠진 상태에서 비판은 그저 생각나는 대로 내뱉고 마는 말일 뿐이다. 결국, 건축 관련 네 개 단체에서 추천한 국내건축가들을 대상으로 '초청 공모전'이 열렸다. 유걸의 안은 이 공모전에서 당선작으로 선정됐다. 하지만 서울시청은 대한민국 수도의 청사라는 기능적인 측면뿐만 아니라 입지적인 측면에서도 뜨거운 감자다. 설계의 어느 한 부분 스리슬쩍 들이밀 수 없는 그야말로 모두가 바라보는 예민한 자리다. 그렇기 때문에 유걸의 안도 비판을 피해 갈 수 없었다. 설계자는 'Seoul W(E)AVE'라는 개념과 '전통', '시민', '미래'라는 키워드로 자신의 안을 설명했지만 시민들은 '쓰나미', '최악의 한국 현대건축물 1위'로 응수했다. 평소 "흠 없는 건물보다는 일부 흠이 있어도 건축가의 아이덴티티가 담긴 특징 있는 건물이 건축적으로 더 낫다"[6]라고 생각해온 유걸은 신청사에 대한 대중의 여론을 관심으로 여겼다. 그가 원했던 건 비록 부정적이라 하더라도 관심을 통한 대화였다. 그리고 대화가 지속된다면 신청사에 대한 대중의 부정적인 평가는 바뀔 수 있다고 생각했다.

광장의 주인도 시청의 사용자도 모두 시민이다

평소 '열린 사회', '열린 공간'을 추구해온 유걸은 신청사 설계의 시작점을 서울광장으로 봤다. 광장은 수평의 공간이다. 물리적인 형태도 수평이고 그 안에서 이루어지는 시민들의 활동과 위계도 수평적이다. 건축가는 서울광장의 수평성을 신청사에서 수직성으로 담고자 했다. 광장의 주인이 시민이듯 신청사의 사용자도 시민이기 때문이다. 이런 생각에서 보면 광장과 신청사 사이에 있는 옛 청사는 둘 간의 소통을 가로막는 존재다. 그래서 건축가는 옛 청사의 철거를 여러 차례 건의하기도 했다. 옛 청사가 일제의 잔재라 하더라도 역사적인 건축물이기 때문에 보존해야 한다는 일반적인 견해와는 분명 다른 해석이다. 하지만 옛 청사의 역사적 가치에 비해 신청사와 서울광장 간의 관계가 현재 우리 사회에 더 큰 의미가 있다면 고려해 볼 만한 제안이다. 이는 또한 건축가가 우리에게 던지는 질문이다. '지금 현재 서울에서 역사적 건축물은 어떤 의미가 있는가?'

전 세계에서 가장 유능한 건축가—실제 이런 건축가는 없다—가 서울시 신청사를 설계했다 하더라도 시민들의 여론은 각양각색이었을 것이다. 신청사만큼 눈에 띄는 자리에 들어서는

서울광장과 소통하려는 신청사의 형태

서울광장의 수평성을 수직성으로 담고자 하는 신청사

모든 건축물에는 부정적인 의견이 따를 수밖에 없다. '시민 모두가 만족하는 신청사 설계'는 결국 신청사에 대해 시민들의 의견이 없다는 걸 의미한다. 서울시민 모두가 만족하는 단일하고 교조적인 무언가는 존재할 수 없기 때문이다. 그래서 애당초 서울시 신청사는 서울을 상징하는 랜드마크가 될 수 없었다. 오히려 신청사는 개인과 공동체의 다양한 생각과 의견이 쌓인 건축물이 되어야 한다. 서울시 신청사가 지어진 7년을 지난한 시간으로 볼 수도 있지만 서로 다른 생각 간의 대화, 서울의 매력 중 하나인 다양성을 체감하는 시간으로도 볼 수 있을 것이다. 다만, 그 과정이 마냥 재미있지는 않았다.

다양함을 이야기하는 장소

누군가가 서울광장의 가치를 이야기해 보라고 하면 난 광장을 둘러싼 다양한 시대에 지어진 다양한 양식의 건축물들을 꼽는다. 그 각각은 서로 마주 보거나 직접 대응하지 않는다. 하지만 혼재된 '맥락Context', '하이브리드Hybrid', '다양한 존재의 공존'이 서울의 특징이라면 서울광장은 그것을 보여주는 가장 대표적인 장소다. 그 각각의 텍스트를 해석할 수 있다면 서울광장만큼 극적이고 다양한 이야기를 들려주는 공간은 대한민국 어디에도 없을 것이다. 그리고 앞으로 더해질 무언가도 그 이야기를 더욱 풍부하게 해줄 것이라 기대한다.

제주 4·3평화공원

건축명 제주 4·3평화공원과 제주 4·3평화기념관

설계자 공간건축사사무소

주소 제주특별자치도 제주시 명림로 430

아직 우리는 그 사건을 정의할 수 없습니다

제주 4·3평화공원과 평화기념관

누구의 제삿날
모두의 제삿날

1년 중 그날이 오면, 누가 시키지 않아도 제주 사람들은 푸줏간에서 고기를 끊어 와 제사상을 차린다. 마을 안 여기저기서 솟아오르는 연기는 1년에 한 번 제주에서만 펼쳐지는 풍경이다. 아무리 죽음이 개별적이라 해도 이날의 죽음만큼은 하나의 덩어리로 엉켜 있다. 제주가 이런 낯선 풍경을 갖게 한 사건은 1948년 4월 3일에 일어났다. 「제주4·3사건 진상규명 및 희생자 명예회복에 관한 특별법」은 이 사건을 "1947년 3월 1일을 기점으로 1948년 4월 3일 발생한 소요사태 및 1954년 9월 21일까지 제주도에서 발생한 무력충돌과 그 진압과정에서 주민들이 희생당한 사건"으로 정의한다. 용어의 정의를 언제나 명확하게 하는 법조차 설명할 수 없는 건 사건이 발생한 원인이다.

7년 6개월간 제주도에서 발생한 사망자 수는 2만 5000명~3만 명이다.[7] 이들은 대부분 이념이 뭔지 좌우가 무슨 의미인지 모르는 평범한 사람들이었다. 평범한 사람들이 이토록 많이 죽었지만 그 원인을 정의할 수 없기에 여전히 '제주 4·3사건'으로 불린다. 제주 4·3사건의 시작은 1947년 삼일절 기념행사에서 일어난 무장경찰의 총격사건과 이후 이어진 좌익진영의 총파업, 그리고 이듬해 발생한 남로당 제주도당 무장봉기와 그에 따른 우익인사 12명의 사망이었다. 하지만 그것이 이후 벌어진 수많은 죽음의 이유가 될 수는 없다.

섬에서 일어난 상호 학살 사건

사실 좌우의 대립과 그 다름을 대하는 편협한 자세로 인한 '상호 학살 사건'은 해방 후 우리나라 곳곳에서 일어났다. 갈등은 동족 간, 가문 간, 신분 간, 종교 간에 벌어지며 다양한 양상을 보였다. 그 갈등이 원활하게 해결되지 못함으로써 한 마을에 함께 살았던 사람들끼리 서로 죽고 죽이는 엄청난 비극이 벌어진 것이다.

이런 측면에서 보면 최소한 제주 4·3사건의 원인 중 가장 큰 좌우의 대립과 그 다름을 대했던 방식은 그 자체로 특별하지 않다. 그럼 유독 제주에서만 엄청난 사망자가 나온 이유는 무엇일까?

'섬'은 바다로 둘러싸여 있다. 그래서 바다를 통해 어디로든 나아갈 수 있다고 생각하지만 이는 바다를 이용한 이동수단의 발달을 전제로 한다. 전제가 성립되지 않으면 바다는 열린 장벽이 된다. 그리고 섬은 고립된 땅이 된다. 4·3사건 당시 제주는 고립돼 있었다. 당시 제주도민들이 섬을 나갈 수 있는 방법은 제한적이었고 제주에서 발생한 사건이 제주 밖으로 퍼지는 경로도 한정적이었다. 제주도에 계엄령을 선포하고 중산간 마을을 초토화하는 작전을 전개할 수 있었던 이유도 그 대상을 독 안에 든 쥐로 봤기 때문이다.

「제주 4·3특별법」에 나온 또 하나의 날짜인 1954년 9월 21일, '한라산 금족지역 해제 및 전면 개방 선언'을 통해 4·3사건은 끝났다. 그 기간 동안 제주도는 사회기반시설뿐만 아니라 사람 자체가 파괴된 땅이 됐다. 사람의 죽음은 육신의 사라짐만을 의미하지 않는다. 한 사람이 죽으면 그 사람이 맺었던 관계 그리고 기억 모두가 사라진다. 기억에서 사라지는 것이 영원한 죽음을 뜻하기에 살아남은 사람들은 죽은 자들을 잊지 않도록 애쓰고 또 애쓴다. 그런데 제주에서는 그 애씀조차 드러내서는 안 되는 행위였다. 국가는 그 애씀을 연좌제, 「국가보안법」으로 처리했고 살아남은 개인은 트라우마에 시달려야 했다. 이도 저도 엮이고 싶지 않은 남은 이들에게 선택할 수 있는 건 그 죽음을 타자화하는 일이었다.

봉개동 토벌작전에서 두 살 된 딸과 함께 희생된
변병생 모녀를 모티브로 만들어진 기념조각 비설(飛雪)

추모의 방식을 넘겨받은 건축가들

4·3사건 희생자의 가족과 피해자들은 죽은 자를 애도하고 기릴 수 있는 공동의 장소를 마련하고 싶었다. 그들에게 그런 장소는 희생자들을 더 이상 숨어서 추모할 필요가 없음을 의미했다. 또한, 4·3사건을 기억하는 사람들이 사라져도 그 후대가 기억해줄 거라는 여지였다. 정부도 그 바람을 알았기에 1999년 6월 위령공원 조성을 위한 특별교부세 30억 원 지원을 약속했다. 이듬해에는 특별법을 공포하고 공원 부지 매입을 시작했다.

특별한 사건을 기리기 위한 장소라면 그 장소가 갖는 의미가 무엇보다 중요하다. 제주 4·3평화공원도 마찬가지다. 그렇다면 현재 평화공원이 조성된 땅을 선택한 이유는 무엇일까? 일반적으로 입지는 기본계획 수립 후 사업의 취지에 맞는, 최소한 맞출 수 있는 곳으로 결정한다. 4·3사건의 유적은 제주 곳곳에 있다. '4·3길을 걷다'라는 이름의 제주 4·3 유적 지도에 나온 유적만 42곳이다. 그럼에도 제주 4·3평화공원 부지는 4·3사건과 직접적으로 관련돼 있지 않은 곳이다. 더군다나 기본계획 연구용역이 시작되기 전에 입지가 결정되고 매입이 시작됐다. 현재 우리는 이 땅에서 4·3사건의 희생자들을 애도하고 기려야 하는 이유를 정확히 알 수 없다.

4·3중앙위원회가 2002년 3월 14일 공원 조성 기본계획 1단계

사업을 확정한 뒤 9월 현상설계를 통해 평화공원 조성을 위한 설계안이 결정됐다. 당선자는 공간건축. 제주 4·3평화공원 현상설계는 제안자들에게 큰 도전이었다. 왜냐하면 사건의 원인이 명확하게 규명되지 않았기 때문이다. 사건의 원인이 명확하지 않다는 건 설계자들이 제안해야 하는 대상이 명확하지 않다는 얘기이고 제안의 대상이 명확하지 않다는 건 제안의 방법이 흐릿하다는 뜻이다. 4·3사건 희생자의 죽음을 애도하고 추모하는 것이 목적이라면 공동묘지를 조성하면 되겠지만 이는 너무 쉬운 접근이다. 실제 〈4·3평화공원 조성 기본계획〉에서도 평화공원을 공동묘지로 조성하는 것은 지양했다.

이런 상황에서 무엇보다 중요한 건 설계자들의 해석이다. 해석은 설계자가 어떤 철학을 가지고 있느냐에 따라 좌우된다. 승효상(유홍준, 임옥상 공동작)은 "추모공원은 과거의 비극을 우리의 마음속에 재현하고 새로운 가치를 우리 속에 심는 일이 되어야 한다"라고 자답했다. 그는 "4·3민중항쟁은 제주의 온 산하를 붉게 적신 땅의 기록이기 때문에 기념비적 건축을 부정했다".[8] 그의 제안은 '땅에 쓴 기록, 랜드스크립트landscript'였다.

2등에는 조성룡(조경설계서안㈜ 공동작)과 희림건축(우대기술단 외 3사 공동작)의 안이 공동 선정됐다. 조성룡은 "4·3평화공원은 서술이 중단된 아픈 사건을 다시 역사 앞에 드러내고 담담히 기록해나가는 행위다"[9]라고 정의했다. 그는 "마치 흔적만 남은 유적지의 폐허가 대지와 긴밀히 소통하면서 감동을 전달하듯

이 차분히 땅 위에 밀착하여 의미를 새겨 넣는 태도를 취했다."[10]

희림건축의 계획안에서 확실하게 읽히는 건 시작부터 끝까지 이어지는 '시퀀스sequence'다. 초대마당에서 시작되는 이 시퀀스는 '질곡의 길 – 위령제단 – 4·3사료관'을 거쳐 '추모의 정원 – 사색의 길 – 이해뜰 – 오름광장 – 인권의 장 – 4·3교육문화센터'에서 끝난다. 이 시퀀스를 따르면 방문자는 4·3평화공원이 전달하고자 하는 메시지를 제대로 받아들일 수 있을 것 같다.[11]

세 개의 축과 뒤집어진 산방산

마지막으로 당선작을 살펴보자. 공간건축은 '세 개의 축'을 강조했다. 대상지를 관통하는 상징축, 문화축, 미래축이 인위적으로 나뉜 두 대지를 과거, 위령, 추념 등을 나타내는 상부 대지와 미래, 평화, 상생 등을 나타내는 하부 대지로 개념화하도록 했다.

공간건축은 무언가를 기념하는 공간에서 가장 보편적으로 쓰이는 방식을 택했다. 그건 공간의 조성 주체가 기념을 위해 방문자에게 "이것을 보라!"라고 가리키는 방식이다. 그 가리킴은 "축"이라는 곧게 뻗은 선으로 나타나고 기념의 대상은 축이 끝나는 곳에 놓인다. 바로크 시대 만들어진 기념비적인 도시에서 절대 권력을 드러내는 전형적인 방법이다.

상징축이 시작되는 위패봉안실과 영원성을 상징하는 오석의 아치탑

축을 이루는 장소의 이름만 봐도 공간건축이 방문자들에게 기대하는 행위는 명확하다. 상징축을 예로 들면, '진입광장'으로 들어와 서쪽으로 가면 '추념'과 '위령'이고 동쪽으로 가면 '화해'와 '상생'이다. 축의 서쪽 끝에 있는 위령제단은 영원성을 상징하는 오석烏石의 아치탑, 4·3의 정신성을 드러내는 작은 돌, 조국·상생·평화의 공간을 의미하는 태극, 생명력을 담은 바닥의 그림자 아치, 추모·승화의 공간인 제단으로 이루어져 있다. 상징과 의미하고자 하는 것들을 하나로 모으면 '영원성', '4·3의 정신성', '조국·상생·평화의 공간', '생명력', '추모·승화의 공간'이 된다. 다 좋은 말인데, 그 좋은 말들을 방문자가 느낄 수 있는 방법은 무엇일까? 전달은 안 되더라도 최소한 어떻게 해야 그 좋은 말들에 방문자가 공감할 수 있을까? 그런데 이런 생각을 하는 내게 곧게 뻗은 상징축이 이렇게 말했다.

"그냥 그렇다면 그렇게 받아들여!"

4·3평화공원 한쪽에는 평화기념관이 있다. 2008년 완료된 2단계 사업의 핵심 시설이다. 기념관은 원뿔이 뒤집어진 형태로 그 자체로 기념비적이다. 설계를 맡은 공간건축은 기념관의 형태에 대해 "한라산과 산방산에 얽힌 제주의 근원 설화를 형상화했다"[12]라고 설명했다. 구체적으로 설문대할망이 한라산을 뚝 잘라 던져놓았다는 산방산을 거꾸로 세워놓은 느낌으로 그 중간에 솔리드solid와 보이드void, 제주적인 것과 비非제주적인 것 등이 등장

산방산을 거꾸로 세워놓은 모습의 제주 4·3평화기념관과 내부모습

공간질서에 변화를 가져 온 어린이체험관

한다. 설계자는 외장재를 선택할 때도 이 건물이 기념관임을 드러내고자 했다. 상층부에 쓰인 산화동판은 시간이 지나면서 색이 바뀌는데 이를 통해 4·3사건의 역사성을 표현하고자 했고 저층부에 쓰인 송이벽돌은 제주라는 땅과의 관계성을 드러낸다고 했다.

기념관은 제주 4·3사건 60주년인 2008년에 개관했다. 그리고 3년 뒤 3단계 조성사업이 확정됐다. 그런데 3단계 사업은 처음 계획보다 축소된 상태로 결정됐다. 이로 인해 설계자가 기념의 방식으로 선택한 '축'은 반쪽만 완성된 상태로 남았다. 축이 원래 담고자 했던 의미로 해석하자면 '추념'과 '위령'은 했지만 '화해'와 '상생'은 못했다. 상징축은 반쪽만 조성된 상태에서 잘렸고 문화축은 시작점만 놓였으며, 미래축은 시작도 못한 채 사라졌다.

물론 모든 사업이 계획대로 진행될 수는 없다. 문제는 3단계 사업 때 지어진 평화교육센터(現 어린이체험관)가 기념관과 마주 봄으로써 평화공원의 공간질서가 변했다는 점이다. 구체적으로 조형물이 이루는 동서축과 시설물이 이루는 남북축이 진입광장에서 'ㅓ'자로 교차하는데, 남북축이 동서축에 비해 훨씬 더 강해졌다. 이로 인해 방문객들은 평화공원 전체를 둘러보지 않고 기념관과 어린이체험관만 들른 뒤 이곳을 떠난다.

제주 4·3평화공원에서 까마귀 울음소리

제주 4·3평화공원을 둘러보면서 방문자가 자신만의 시각으로 4·3사건을 이해하고 느낄 수 있는 경로는 무엇일까 생각해봤다. 설계자가 일방적으로 던지는 축과 그 끝에 놓인 기념의 대상이 아니라 방문자 각자가 해석하는 4·3사건. 그 원인을 명확히 규명하지 못했기 때문에 해석의 경로는 지극히 감각적이어야 한다고 생각했다. 하지만 평화공원 곳곳에 놓인 조형물들은 지나치게 설명적이고 그 배치는 다른 어떤 해석도 용납하지 않는다. 이곳을 방문한 사람들에게 공간에 대한 설명이 아닌 느낌으로 4·3사건을 전달할 수 있는 방법은 무엇일까?

대규모 행사를 위해 비워진 위령광장에 올랐을 때 가장 먼저

제주 4·3평화공원의 행방불명인 표석(위)과 평화기념관의 상징조형물(아래)

초봄 제주의 태양이 느껴졌다. 너무 따스했던 햇살에 눈을 감았을 때 아직은 차가운 바람이 불어왔고 그다음 까마귀 소리가 들렸다. 까마귀 소리는 제주 4·3평화공원에 처음 왔을 때부터 들렸을 테지만 내 귀에 들어오기 시작한 건 그때부터였다. 그 순간 한 번도 본 적 없는, 본 적 없을 '순이삼촌'이 떠올랐다. 현기영의 소설에 등장하는 순이삼촌은 삼촌이지만 여성이다. 그녀는 4·3학살의 현장에서 살아 돌아왔다. 죽음이 하나로 뒤엉켰던 그곳에서 그래도 죽음은 개별적이기에 앞선 사람의 죽음이 그녀를 살렸다. 그녀의 의식이 서서히 돌아왔을 때 아마도 첫 번째로 돌아온 감각은, 청각이었을 것이다. 그리고 그때 들리기 시작한 소리가 까마귀 울음이 아니었을까. 그다음 공기의 살랑거림을 느낀 순이삼촌은 감은 눈으로 스며 들어오는 빛을 느꼈을 것이다. 마치 위령광장에 서 있는 나처럼. 모든 감각이 돌아와 자신이 살아 있음을 깨달았을 때 눈을 뜬 그녀가 본 장면은 엉켜 있는 시체들. 집단화된 죽음. 평화공원 곳곳에서 들리는 까마귀 소리가 내게 아주 작게나마 제주 4·3사건을 느끼게 해주었다.

'기념'이 아닌 '추념'의 대상, 제주 4·3사건

제주 4·3평화공원과 기념관에서 처음 접했던 단어가 있다. 추념追念. 사전은 추념을 "지나간 일을 돌이켜 생각함, 죽은 사람을 생각함"이라고 정의한다. 반면 기념記念의 정의는 "어떤 뜻깊은 일이나 훌륭한 인물 등을 오래도록 잊지 아니하고 마음에 간직함"이다. 기념이라는 단어에는 그 대상에 대한 평가, 원인을 바라보는 가치판단이 이미 포함돼 있다. 반면 추념은—최소한 첫 번째 의미에서만큼은—그냥 '행위'다. 4·3사건을 대하는 우리에게 일차적으로 필요한 건 '기념' 이전에 '추념'이다. 아직은 잘 모르는, 아마도 앞으로도 잘 모를 그 사건을 그냥 '돌이켜 생각하는 행위', 추념.

우리가 제주 4·3사건을 추념해야 하는 이유는 희생자 가족들, 피해자 모두 그 사건이 일어난 그 시간에 여전히 머물러 있기 때문이다. 순이삼촌의 죽음을 접한 소설 속 주인공이 순이삼촌이 한 달 보름 전이 아닌 30년 전 그날, 그 밭에서 이미 죽었다고 착각하듯이. 제주 4·3사건을 잊지 않기 위해 제삿날마다 모여 순이삼촌의 이야기를 나누는 고향 어른들처럼. 제주 4·3사건은 계속해서 우리 사회가 돌이켜 생각해야 하는 아직은 정의할 수 없는 하나의 사건이다.

아산 충무공 이순신기념관

건축명	충무공 이순신기념관
설계자	이종호, 우의정(스튜디오 메타)
주소	충청남도 아산시 염치읍 현충사길 126

리얼리스트 이순신을 만나다

특정한 무언가를 상징하지 않는 기념관

‘이순신’ 콘텐츠

이순신 장군의 호號는 ‘여해汝諧’다. 하지만 우리에게는 ‘여해 이순신’보다 ‘성웅 이순신’이 더 익숙하다. ‘성웅聖雄’은 ‘지덕이 뛰어나 많은 사람이 존경하는 영웅’이다. 그래서였을까? 이순신 장군은 정조 때부터 왕명에 의해 기념되기 시작했다. 정조 19년, 윤행임은 우리가 잘 아는 『난중일기』, 『임진일기』, 『계사일기』 등으로 구성된 『이충무공전서』를 편집·간행했다. 근대에 와서는 최남선과 이은상이 그를 연구했다. 박정희 전 대통령은 세종대로사거리(現 광화문광장)에 이순신 장군 동상을 세우고 그의 묘가 있는 현충사를 재정비했다. 아마도 박정희 전 대통령은 이순신 장군에게 자신의 모습을 투사하고 싶었던 것 같다.

국가적인 차원은 아니지만 지금도 이순신 콘텐츠를 활용한 사업은 계속되고 있다. 특히, 남해안 지역에서는 그가 스치고 간 곳뿐만 아니라 그와 간접적으로 연계된 무엇이라도 끄집어내려고 애쓰고 있다. 대표적인 사업이 2005년 경상남도가 추진한 ‘이순

광화문광장에 있는 이순신 장군 동상

통영 강구안의 복원된 거북선

신 프로젝트'다. 이를 통해 남해군에 이순신순국공원, 창원시에 이순신리더십 국제센터가 준공됐다. 그리고 수많은 거북선이 복원이라는 이름으로 우리 앞에 등장했다. 남해안의 어떤 도시에서든 거북선을 볼 때마다 이순신 콘텐츠를 활용한 사업에서 이순신보다 거북선이 더 비중 있게 다루어지고 있는 건 아닌지 헷갈릴 정도다.

『이충무공전서』가 간행된 후 220년간 이순신 콘텐츠가 국가적, 지역적 차원에서 이토록 자주 등장한 이유는 그가 우국충정의 위대한 인간형, 효와 사랑의 보편적 실천을 행한 인간형, 그리고 우리 영토를 어려움 속에서도 지켜낸 영웅적 인간형의 전형으로 여겨져 왔기 때문이다. 그런데 다른 측면으로 보면 이순신 장군만큼 평면적인 인물도 없다. 조선시대 인물이지만 그를 둘러싼 이야기는 마치 고대 신화 같다. 그래서인지 성웅 이순신 캐릭터는 과거에 비해 현재 초중등생들에게는 큰 공감을 얻지 못하고 있다. 실제 내가 국민학교에 다니던 시절 한 반에 10명 정도는 그를 가장 존경했지만 이제 김연아, 유재석, 온라인 콘텐츠 창작자 도티가 그보다 더 존경받고 있다.

인간 이순신을 상상하는 일

내가 접했던 이순신 콘텐츠 중 가장 인간적이었던 캐릭터는 김훈이 쓴 『칼의 노래』에 등장하는 이순신이다. 소설 속 그는 포로들의 울음에 고뇌하고 죽음을 두려워하며 지인의 죽음 앞에서 무력해지는 한 인간이다.

> 나는 죽은 여진에게 울음 같은 성욕을 느꼈다. 세상은 칼로써 막아낼 수 없고 칼로써 헤쳐나갈 수 없는 곳이었다. 칼이 닿지 않고 화살이 미치지 못하는 저쪽에서, 세상은 뒤채며 무너져갔고, 죽어서 돌아서는 자들 앞에서 칼은 속수무책이었다. 목숨을 벨 수는 있지만 죽음을 벨 수는 없었다. 물러간 적들은 또 올 것이고, 남쪽 물가를 내려다보는 임금의 꿈자리는 밤마다 흉흉할 것이었다.
>
> —『칼의 노래』, 김훈[13]

우리 사회에서 이미 영웅이 된 이순신이라는 인물을 기념하는 공간을 만드는 일은 그래서 어렵다. 이순신이라는 한 개인을 기념하기에는 우리가 아는 그가 더 이상 인간계에 있지 않기 때문이다. 그렇다면 우리가 보편적으로 받아들이고 있는 이순신 캐릭터를 다시 한번 반복하는 기념관을 만드는 것이 가장 손쉬운 방법일지도 모른다. 충무공 이순신기념관을 설계한 이종호는 가장 먼저 관람객들이 성웅이 아닌 한 인간을 만날 수 있는 방법에 대해 고민했다.

그런데 이종호는 사료를 제외하고 인간 이순신의 면모를 찾을 수 있는 자료를 발견할 수 없었다. 결국 내가 그랬듯 이종호도 김훈의 소설 『칼의 노래』를 통해 기념의 대상을 그려나가기 시작했다. 설계자가 찾은 인간 이순신은 자신이 살았던 현실을 그대로 인정하고 그 현실 속에서 생각하며 행동했던 철저한 '리얼리스트realist'였다. 그는 왜구와의 전쟁을 앞두고 승리를 위해 어떤 오차도 허용하지 않는, 심지어 자기 자신에게까지 혹독했던 지독한 전문가이기도 했다. 이종호는 인간 이순신의 이런 면모를 관람객들이 기념관에서 만나고 이를 통해 각자에게 필요한 의미를 찾을 수 있기를 원했다.[14]

인간 이순신을 만나기 위한 '세 개의 켜'

그럼에도 『칼의 노래』는 소설이다. 아무리 작가가 역사적 사실을 참고했다 하더라도 소설은 허구다. 그럼 그 허구의 이야기에 등장하는 이순신이라는 인물을 실존했던 인물과 동일시하는 것 자체가 오류일 수 있다. 극단적으로 생각하면 우리가 현재 알고 있는 캐릭터가 실제 그의 캐릭터일 수도 있다. 흥미로운 건 소설 속 이순신이 우리에게 익숙한 이순신보다 더 현실적이라는 데 있다. 그것이 김훈 글의 매력이겠지만, 다시 생각해보면 우리가 아는 이순신이 그만큼 현실과 동떨어진 인물임은 분명하다.

무엇이 됐든 핵심은 인간 이순신을 찾아낼 수 있는 단서가 무엇이냐는 것이다. 설계자에게 그 단서가 소설 『칼의 노래』였다면 이를 읽지 않은 사람, 아니면 소설 속 이순신 캐릭터에 공감할 수 없는 사람들에게는 무엇이 단서가 될 수 있을까? 그건 각자의 몫이다. 다만 그 단서를 찾을 수 있는 공간을 만드는 것이 기념관을 설계하는 자의 역할이다.

이종호가 제안한 건 '세 개의 켜와 소외효과'다.[15] 첫 번째 켜는 나라와 대면하는, 전투에서 전투로 이어지는 '표층의 켜'다. 우리에게 익숙한 성웅 이순신과 관련된 이야기다. 그럼에도 스케일의 변화 등을 통해 관람객들에게 새로운 경험을 제공할 수 있다면 충분히 의미 있는 자리다. 두 번째 켜는 백성과 대면하는, 전투와 전투 사이 지루한 일상으로 이루어진 '중층의 켜'다. 성웅이 아닌 인간 이순신을 만나기 위해서는 새롭게 강조되어야 하는 자리다. 중층의 켜에서 우리는 전쟁을 준비하는 이순신의 자세를 읽을 수 있을지도 모른다. 마지막 켜는 이순신이 자신을 대면하는, 그리고 그 대면을 관람객이 관찰하는 '심층의 켜'다. 당연히 관람객들에게는 가장 큰 울림이 만들어지는 자리다. 그리고 이곳에서 우리는 지금까지 알아왔던 평면적 인물로서의 이순신이 아닌 실로 인간적인 이순신을 만날 수 있다. 어쩌면 이 켜에서 만나는 이순신은 우리에게는 낯선 이순신이 될 수도 있고 낯설지는 않지만 전혀 다른 이순신이 될 수도 있다. 건축가는 이런 만남을 위해 우리에게 익숙한 이순신과 일정한 거리를 두는 '소외효과'가 필요하다고 생각했다.

다양한 의미를 찾는 세 가지 방식

성웅이 아닌 인간 이순신을 찾는 단서가 '세 개의 켜와 소외효과'라면 그 방법은 '다중성'에 있다. 이를 위해 설계자는 관람객 각자가 최대한 다양한 방식으로 기념관을 느낄 수 있도록 했다.

가장 먼저 기념관의 형태가 이순신을 상징하는 무언가가 되지 않도록 했다. 대다수의 이순신 기념사업을 통해 만들어지는 '이순신=거북선'의 공식을 따르지 않은 이유다. 설계자의 선택은 특정한 무언가를 상징하지 않는 '자연'이었다. 설계자는 현충사 북쪽에 있는 방화산에서 흘러 내려오는 구릉과 연결되는 '새로운 언덕'을 만들었다. 신정문 안으로 들어오면 방화산과 연결된 새로운 언덕이 보인다. 원래부터 이 땅의 풍경이었던 것 같은 모습이다. 경내로 조금 더 들어오면 새로운 언덕 뒤로 직육면체 형태의 기념관이 나타난다. 하지만 설계자는 기념관을 드러내지 않기 위해 50센티미터 두께로 다진 흙으로 외벽을 마감했다. 시간이 흐르면서 생기는 흙벽의 금과 부스러기가 주변 자연을 닮아갈 것이라 생각했기 때문이다.

신정문에서 충무문으로 이르는 주 진입로도 새로운 언덕을 통해 재구성될 수 있었다. 기념관이 배치된 자리는 현충사 경내로 진입하는 충무문 남서쪽이다. 경외지역인 신정문과 경내지역인 충무문 사이에 있는 이 자리는 기념관이 지어지기 전까지 직경

현충사 북쪽 방화산과 시각적으로 연결되는 새로운 언덕과 흙벽의 기념관

충무문 진입 광장을 'ㅢ'자 공간으로 변경한 기념관

140미터 크기의 잔디밭만 있는 텅 빈 광장이었다. 넓이에서 짐작할 수 있듯이 광장은 박정희 전 대통령 시절에 조성됐다. 설계자가 봤을 때 이 광장은 지나치게 넓었다. 그래서 구릉의 흐름을 광장으로 연장하여 넓기만 했던 광장을 'ㅢ' 자로 줄였다.

두 번째는 충무공 이순신기념관으로 접근하는 '세 가지 경로'다. 관람객들은 신정문에서 충무문으로 연결되는 진입동선에서 갈라지는 경로를 가장 많이 이용한다. 동선이 나뉘는 지점부터 기념관 안쪽으로 이어지는 통로는 점차 좁아지고 바닥 재료도 달라서 다른 영역으로 들어간다는 인상이 확연하다. 이 외 충무문에서 남쪽으로 내려오는 경로도 있고 반대로 신정문에서 바로

기념관으로 이르는 경로 중 관람객들이 가장 많이 이용하는 경로

충무문에서 기념관으로 진입하는 경로

세 경로가 모이는 기념관 입구

진입하는 경로도 있다. 세 경로 모두 기념관 입구에서 만난다. 설계자가 기념관으로 접근하는 동선을 여러 개 만든 이유도 기념관이 담고 있는 이순신 콘텐츠가 다양한 방식으로 해석될 수 있기를 기대했기 때문이다.

관람객 각자가 가지고 있는 배경지식과 생각에 따라 현충사를 참배하기 전에 생각하는 이순신의 모습과 참배한 뒤 떠올리는 이순신의 모습 그리고 기념관만 관람하고 상상하는 이순신의 모습이 모두 다를 수 있다. 기념관이 의도하는 바를 극대화하기 위해 관람객의 동선을 한 방향으로만 통제하는 다른 기념관과 비교하면 분명 새로운 시도다.

마지막으로 설계자가 의도했던 방식은 기념관 내부 곳곳에 현대적인 조형물을 배치해 과거와 현재 사이의 '시간을 중첩시키는 것'이었다. 그런데 이 방식은 현재 기념관에서 확인할 수 없다. 현상공모 때는 건축가가 건물과 전시공간 모두 디자인하기로 했지만 진행 과정에서 분리됐기 때문이다. 건물과 전시공간을 따로 설계하는 것이 일반적인 방식이라고는 하지만 문제는 이로 인해 '세 개의 켜와 소외효과'마저 느낄 수 없게 됐다. 그래서 설계자는 특히 이 부분을 아쉬워했다.[16] 현재 기념관 안에는 웅장한 음악을 배경으로 한 전쟁 장면과 그가 사용했던 칼, 초상화 그리고 거북선이 전시돼 있다. 모두 표층의 켜만 확인할 수 있는 전시물이고 이순신 장군을 기리는 다른 기념관들에서도 볼 수 있는 것들이다.

내가 찾고자 했던 이순신의 모습

평소 이순신의 삶에서 궁금한 점이 있었다. 그는 왜 조선정부와 원만한 관계를 유지하지 못했을까? 혁혁한 전공을 쌓았음에도 탄핵을 받고 두 차례나 백의종군을 해야 했을까? 이 질문에 대해 기념관 안의 전시물들은 '이순신이 너무 위대해서'라는 답밖에 해주지 않았다. 그리고 자연스럽게 이순신의 연승을 의식했던 조선 대신들과 선조의 열등의식만이 읽혔다. 다른 답은 없는 걸까. 그것을 찾기 위해 다양한

시간이 흐르면서 주변 자연을 닮아갈 기념관의 흙벽

방향으로 기념관을 서성이며 내가 찾고 싶었던 그의 모습을 상상해봤다.

설계자가 윤곽을 그렸듯 이순신이 자기 분야의 지독한 전문가이자 리얼리스트였다면 내가 찾고 싶은 답도 거기에 있을 수 있었다. 당파 싸움에 빠진 조선의 대신들이 '너는 누구의 편이냐?', '너는 무엇을 믿느냐?', '너는 무엇을 위해 싸우느냐?'라고 이순신에게 물었을 때 그의 답은 동인도 서인도 왕도 심지어 백성도 아니었을 것이다. 그가 믿은 건 그가 마주하고 있는 현실, 즉 전쟁을 이길 수 있게 할 '사실'뿐이었다.

문제는 사실에만 근거를 두는 사람들이 갖는 '탈정치성'이었다. 어쩌면 그는 사실에 입각해도 이해할 수 없는 정치를 의도적으로 멀리했는지도 모른다. 이제 우리 사회가 이순신의 삶에서 주목할 점은 신화화된 인간이 아닌 자신이 목도했던 현실만을 철저히 믿고 행동했던 현실주의자의 모습이다.

안성 미리내 성지와 103위 시성기념성당

건축명 한국 순교자103위 시성기념성당

설계자 박호견, 양윤재(종합건축 당현)

주소 경기도 안성시 양성면 미리내성지로 416

순교자의 별이 잠들다

시궁산을 배경으로 자리 잡고 있는 한국순교자 103위 시성기념성당

두 청년

'미리내'는 '은하수'를 일컫는 순 우리말이다. 아름다운 이름의 이곳은 시궁산과 쌍령산 사이 깊은 골짜기에 있어 지금도 인적이 드물다. 바람 소리만 깊은 이곳에서 눈을 감고 조선 후기 언저리를 상상해본다. 어스름한 새벽 한 청년이 거친 숨을 내쉬며 산을 내려오고 있다. 다시 살펴보니 청년은 다른 청년을 들쳐 업고 있다. 주검이 되어 등에 업혀 있는 자는 우리나라 최초의 사제 김대건 안드레아 신부였고 그를 품고 이곳까지 달려온 자는 이민식 빈첸시오였다. 당시 김대건의 나이는 25세, 이민식의 나이는 17세. 한 사람은 신념으로 순교를 택했고 한 사람은 순교자를 모시기 위해 목숨을 걸었다. '신념'과 '순교'. 이를 논하기에 두 청년의 나이는 너무 젊었다.

김대건 신부는 세상을 뜨기 2년 전 부제 서품을 받고, 이듬해 4월 제물진두에서 목선을 타고 중국 상하이로 떠났다. 그리고 조선교구 제3대 교구장직을 승계받은 페레올 주교에게 상하이 완당신학교에서 신품성사를 받았다. 그렇게 그는 우리나라 최초의 사제가 됐다. 같은 해 10월 김대건, 페레올 주교 그리고 후에 제5대 교구장이 되는 다블뤼 신부는 조선으로 들어왔다. 1846년 5월 김대건은 황해도 남단에 있는 순위도에서 체포됐다. 그리고 9월 16일 한강 새남터에서 처형됐다. 내 희미한 신앙심 때문인지 아니면 내가 그 시대를 공감하지 못하기 때문인지 정확한 이유는 알 수 없으나 솔직히 이 상황이 잘 이해되지 않았다.

조선의 믿음과 김대건의 믿음

조선은 김대건이 믿었던 바를 인정할 수 없었다. 김대건은 세상의 주인을 조선의 왕이 아닌 하늘에서 찾았기 때문이다. '천주天主'를 주장했던 자. 조선의 존속과 김대건의 믿음은 반대편에 있었고 겹칠 수 없었다. 그래서 그는 조선이라는 국가를 침해한 국사범이 됐고 군문효수형을 받았다. 처형 직전까지 조선은 그를 회유하고자 했다. 서학을 익힌 엘리트를 활용하고 싶었기 때문이다. 하지만 김대건에게 배교背敎는 선택지가 될 수 없었다.

통상적으로 형을 받은 죄수의 시신은 사흘 뒤 연고자가 찾아갔다. 하지만 조선은 김대건의 죽음을 통해 천주교와 양립할 수 없음을 백성들에게 선언해야 했다. 병오박해와 김대건 신부의 죽음은 정부의 선언이었기에 그의 주검은 그 자리에 남아 있어야 했다. 결국 조선정부는 김대건 신부가 참수된 자리에 시신을 묻고 파수 경비를 세워 지켰다. 천주교 신자들의 입장에서 김대건 신부의 죽음은 천주와 자신들을 연결해주는, 자신들과 동일한 조선인을 잃는 일이었다. 그렇기 때문에 혼은 사라졌다 해도 육신이라도 모셔와 곁에 두고 싶었다. 무엇보다 김대건 신부의 시신이 더 이상 조선의 선언을 상징해서는 안 되었다. 이민식과 몇몇 신자들이 40일간 목숨을 걸고 파수 경비의 눈을 피해 김대건 신부의 시신을 찾아낸 이유였다.

성인聖人과 복자福者들의 공간

김대건에게 신품성사를 해준 페레올 주교, 김대건의 어머니, 김대건의 시신을 이곳으로 품고 온 이민식 그리고 우리 땅에서 최초로 신부가 된 강도영 신부까지 모두 이곳 미리내에 묻혔다. 김대건 신부의 유해가 이곳에 묻히지 않았다면 일어나지 않았을 일이다. 반면, 김대건 신부의 유해는 용산 예수성심신학교(1901년), 경남 밀양 소신학교(1950년), 가톨릭대학교 성신교정 성당(1960년)으로 옮겨져 현재에 이르고 있다. 단, 그의 아래턱뼈만 미리내에 있는 김대건 신부 기념경당으로 분리돼 옮겨졌다. 왜 아래턱뼈였을까? 기독교가 말씀의 종교이기 때문은 아닐까? 「요한복음」 1장 1~5절에도 "한 처음에 말씀이 계셨다. 말씀은 하느님과 함께 계셨는데 말씀은 하느님이

김대건 신부를 포함한 성인 79위를 기념하는
'한국순교자 79위 시복 기념경당'의 내외부 모습

셨다. 그분께서는 한 처음에 하느님과 함께 계셨다. 모든 것이 그분을 통하여 생겨났고, 그분 없이 생겨난 것은 하나도 없다. 그분 안에 생명이 있었으니 그 생명은 사람들의 빛이었다"라고 적혀 있다. 김대건의 아래턱뼈는 하느님의 말씀을 신자들에게 전하는 상징이었다.

김대건 신부 기념경당은 1928년 7월에 준공돼 9월 봉헌됐는데, 그전에 복자품으로 시복諡福된 김대건 신부를 포함하여 성인 79위를 기념하는 '한국순교자 79위 시복 기념경당'이 됐다. 교황 비오 11세가 선포한 79위는 기해박해 순교자 73명과 병오박해 순교자 9명 중 6명이다.

1968년 병인박해 때 순교한 24인이 추가로 복자가 됐다. 1984년에는 103인 복자가 교황 요한 바오로 2세에 의해 시성됐다. 그해는 우리나라 최초의 영세자 이승훈이 베이징에서 세례를 받고 서울 명동의 김범우 집에 모여 이벽 등에게 전교 예배를 본 지 200년이 되는 해였다. 2014년에 방한한 프란치스코 교황은 우리나라 최초의 순교자 윤지충을 비롯한 124위를 복자로 선포했다. 한국천주교주교회의에서는 이벽과 그의 동료 132위 그리고 제6대 평양교구장이었던 홍용호 주교와 동료 80위의 시복을 추진하고 있다.

일반 신자가 복자가 되려면 두 가지 이상의 기적이 일어나야 하고 복자가 성인이 되려면 다시 두 가지 이상의 기적이 일어나야 한다. 즉, 일반 신자가 성인이 되기 위해서는 네 번의 기적이

미리내 성지 초입에 1906년 완공된 성 요셉 성당

미리내 성지 내 말구우물

있어야 한다. 신화의 시대가 아닌 과학과 이성의 시대에 기적이라는 것이 어찌 쉬우며, 성인이 된다는 것이 어찌 레벨 업에 비유될 수 있을까? 어찌 됐든 이 어려운 단계를 순교자는 순교 하나만으로 면제된다. 죽음으로 하느님을 증거했다는데 기적 몇 회가 무슨 의미가 있겠는가.

미래내 성지 성역화 사업

제8대 교구장이 된 뮈텔 신부는 19세기 말 미리내를 본당으로 승격시켰다. 본당 초대 신부는 강도영 신부가 맡았다. 1906년에는 미리내 성지 초입에 성 요셉 미리내 성당이 완공됐다. 성 요셉은 페레올 신부의 세례명이었다. 본격적인 미리내 성지 성역화 사업은 1972년에 시작됐다. 그리고 1989년 미리내 성지를 관할하는 천주교수원교구는 103위 시성을 기념하는 성당을 성지 안에 짓기로 했다. 남북으로 긴 골짜기에서 서쪽 시궁산에 면해 배치된 한국순교자 103위 시성기념성당은 1991년 5월 27일 봉헌됐다. 성당은 성지 진입 방향을 기준으로 하면 남북축을 따르지만 대규모 행사가 일어나는 잔디광장을 기준으로 하면 동쪽 측면이 전면처럼 보여야 했다. 그런데 남북축을 고려한 출입구는 미리내 성지를 접근하는 방향이 아닌 그 반대 방향에 맞춰 북쪽에 있다. 이유는 김대건 신부 기념경당이 103위 기념성당 북쪽에 있기 때문이다. 설계자는 신도들이 김

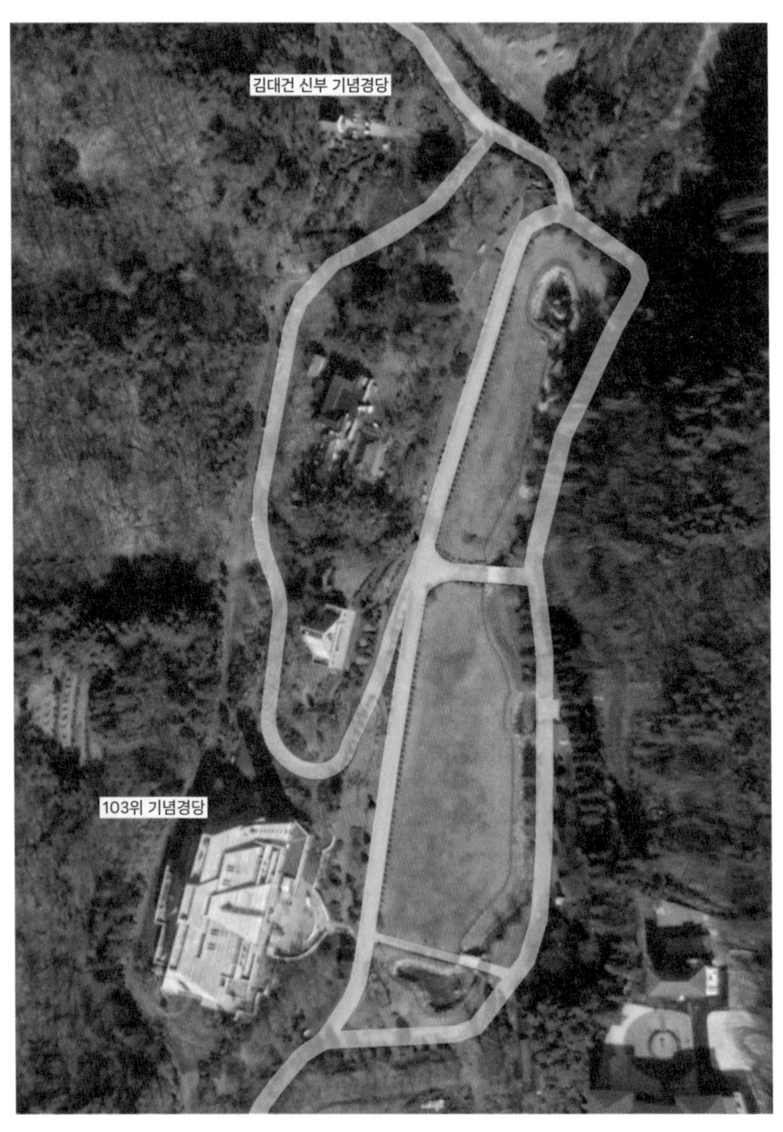

103위 기념성당 배치와 주요 동선
(사진 출처: 구글어스)

제의성을 드러내기 위한 피라미드 형태의 성당과 오벨리스크 모양의 종탑

대건 신부 기념경당을 들렀다 103위 기념성당으로 들어오는 과정을 상상했다. 하지만 신도들은 설계자의 의도대로 움직이지 않았다. 결국 성당의 주 출입구는 잘 사용되지 않고 오히려 접근할 때 먼저 보이는 동쪽 출입구가 주 출입구로 쓰인다.

동쪽에서 바라본 모습을 봐도 성당의 정면은 동쪽이지 북쪽이나 남쪽이 아닌 것 같다. 동쪽에서 바라본 성당은 시궁산을 배경으로 사다리꼴 입면이 좌우 대칭이다. 여기에 더해 건물 외장재로 쓰인 화강석은 성당을 견고해 보이도록 한다. 성당 북쪽에는 종탑이 세워져 있는데, 이로 인해 성당의 상징성은 더욱 커진다. 설계자 박호견과 양윤재는 "미리내 기념성전의 형태와 이미지

추출은 순례 성당의 기능과 성적지聖蹟地 미리내가 가지고 있는 기념성의 표출로 표현될 수 있다"[17]고 설계 의도를 설명했다. 설계자는 성당을 최대한 간결하고 깨끗한 이미지로 만들어 103명의 순교자들을 상징할 수 있도록 했다. 같은 맥락으로 성당의 형태도 순수한 이미지를 표현할 수 있도록 최대한 단순화한 것이다. 현재 성당은 파리미드를 닮았다. 설계자는 피라미드 형태가 "대지에서의 상승과 시각적 초점을 모아주도록 하여 순교의 순결성과 상징성, 성적지가 가지는 역사적 의미를 단순화시키며 이들을 명료하게 인식시키는 데 도움을 준다"[18]고 했다.

거대한 돌과 고딕양식

여러 면에서 103위 기념성당은 동쪽에서 진입하는 방향이 자연스럽다. 그럼에도 설계자가 남북 방향을 놓지 않은 이유를 성당 내부에 들어서는 순간 이해할 수 있다. 거대한 돌巨石이 시궁산으로부터 드러나 있는 것 같은 외부의 모습은 출입구로 들어서는 순간 전형적인 고딕양식으로 바뀐다. 고딕양식을 비롯한 서유럽의 종교건축은 깊이감 있는 내부 공간을 추구해왔다. 성당이라는 공간을 통해 신의 권위를 신자들에게 몰입감 있게 보여주기 위해서다. 그런데 깊이감 있는 내부 공간이 되기 위해서는 성당의 출입구와 십자가가 세워진 제단이 서로 멀리 떨어져 있어야 한다. 그래야 출입구에 들어서는

외부 모습과 달리 전형적인 고딕양식으로 설계된 103위 기념성당의 내부

순간 가운데 복도身廊, nave의 아치 천장과 그 양쪽에 줄지어 늘어선 기둥들列柱, colonnade이 제단 위에 예수의 십자가와 그 주변의 빛을 스펙터클하게 보이도록 만들기 때문이다. 하지만 103위 기념성당의 동쪽 출입구로 들어서면 이런 깊이감 있는 내부공간의 허리를 끊고 들어오는 셈이 된다. 그래서 십자가와 제단이 주는 몰입감을 신자들에게 전달할 수 없다.

그럼에도 설계자가 깊이감 있는 내부 공간으로 설계한 이유는 이 구조가 종교건축의 전형이기 때문이다. 더욱이 우리나라에서 고딕양식은 최초의 서양식 성당인 중림동 약현성당(1891)을 비롯해 대표격인 명동성당(1892)에도 적용돼 있다. 심지어 개화기 이후 현재까지 지어진 상당수의 성당들도 적벽돌로 구현된 유사 고딕양식을 따랐다. 103위 기념성당 내부를 고딕양식으로 설계한 이유에 대해 설계자가 직접 언급한 글은 없다. 다만 설계자는 신자들에게 낯설지 않은 종교적 공간을 연출하고자 했다고 한다.

기념관의 의미는 남은 이들로 하여금 누군가의 삶을 기억하게 하는 것이다. 그렇기 때문에 기억을 떠올릴 수 있는 상징적인 형태가 중요하다.[19] 103위 기념성당도 103명의 성인을 기념하기 위해 우리에게 그들의 삶을 기억하게 하는 요소가 필요했다. 이를 위해 설계자는 외부에 피라미드와 오벨리스크, 내부에 고딕양식을 적용했다. 그런데 이 둘은 외부와 내부의 불일치가 심한 조합이다. 피라미드와 오벨리스크는 이집트 예술에서 나오는 양식으로 이집트인의 초점은 현세가 아닌 내세에 있었으므로 그들은 현세를 초월하려는 바람을 담아 피라미드를 올리고 오벨리스크를 세웠다. 아마도 설계자가 이 둘을 통해 드러내고 싶었던 건 '제의성祭儀性'이었던 것 같다. 외부에서 본 103위 기념성당은 그 자체로 103위 성인을 위한 제의의 대상이다. 반면, 고딕양식은 중세 초기의 이상주의와 후기의 자연주의적 경향 사이에 있는 건축양식이다. 스콜라 철학이 중세 사상을 완성했듯이 고딕양식은 중세 예술의 결정판이었다. 그래서 고딕양식으로 된 성당은 '돌로 된 스콜라 철학'이었다. 고대 이집트와 중세 기독교를 대표하는 '상징'이 벽 하나를 두고 만나기에는 각각의 본질이 너무나 다르다.

한국 가톨릭 성인 103위를 위한 상징

103위 기념성당이 완벽한 고딕양식으로 지어졌다면 그 정신만큼은 되살렸다고 평가할 수 있었을 것 같다. 하지만 현재 성당 내부의 고딕양식은 장식일 뿐이다. 103위 기념성당을 둘러보며 상징을 위해 사용된 요소들—피라미드, 오벨리스크, 고딕양식—과 기념하는 대상 사이의 간격이 너무 멀다는 생각이 들었다. 이 성당을 103위 성인을 기념하기 위한 성당이 아닌 어떤 교구에 지어진 성당이라 소개해도 큰 위화감이 없을 정도다. 이는 성당이 '기념'이라는 행위에만 초점을 맞췄을 뿐 '103위 성인'이라는 기념의 대상은 담아내지 못했다는 것을 의미한다.

아마도 그 이유는 '103위 성인'이라는 기념의 대상을 상징하는 일이 설계자에게는 너무 버거웠기 때문이었던 것 같다. 그래서 설계자는 신자들에게 익숙한 형태와 모습을 떠오르게 하는 재현의 방식을 택할 수밖에 없었다. 상상력의 결핍이었던 것이다. 그리고 그 결핍은 상징의 대상을 너무 직접적으로 표상하려는 압박이 짙게 묻어나는 결과물로 이어졌다.

눈앞에 보이는 상징물이 신념을 위해 목숨을 바친 자들의 삶을 증언할 수 없다면 결국 그들에게 질문할 수밖에 없다. 김대건 신부가 묻혀 있는 자리를 바라보며 그들의 생각에 다가가려 할 때 문득 김훈의 글이 떠올랐다.

> 노비들은 상전이 없는 밭이나 들에서 소리 죽여 노래했다. 주여, 주여 하고 부를 때 노비들은 부를 수 있는 제 편이 있다는 것만으로도 눈물겨웠다. 호격에는 신통력이 있어서 부르고 또 부르면 대상에게로 건너갈 수 있을 듯싶었다. 들판에 퍼지는 소 울음소리도 호격으로 울고 호격으로 부르고 있었다. 주여, 주여 부를 때 주는 응답하지 않았지만 그 호격 안에는 부르는 자가 예비한 응답이 들어 있었다.
>
> —『흑산』, 김훈[20]

어쩌면 그 시대는 공기 중으로 사라져 버리는 부름의 대상이라도 붙잡아야 살아갈 수 있었던 시대였는지도 모르겠다.

1F

2F

문화역서울284

건축명 문화역서울284

설계자 삼우종합건축사사무소, 권문성(아뜰리에17), 금성건축

주소 서울특별시 중구 통일로 1

역사驛舍와 역사歷史의 복합문화공간

문화역서울284가 된 옛 서울역

새벽 풍경 속 서울역

장사를 하셨던 아버지를 따라 새벽부터 남대문시장에 갈 때마다 아버지는 서울역 앞에서 나를 깨웠다. 반쯤 감긴 눈으로 바라본 차창 밖 서울역은 마치 모네의 그림처럼 어스름한 파란 기운과 가로등의 주황색이 뭉친 모습이었다. 밤이 길었던 겨울에는 가로등에 비친 서울역이 따뜻한 불빛을 쬐고 있는 것 같기도 했다. 일가친척이 모두 경기도에 살았기 때문에 어릴 적에는 기차 탈 일도 서울역을 이용할 일도 없었다. 그래서 서울역은 내게 명절날 뉴스에 등장하는 배경이거나 차에서 바라보며 지나치는 풍경이었다. 당연히 그 안에 들어가 보거나 그 앞을 걸어서 지나간 적도 없었다.

아이러니하게도 서울역 안으로 들어가본 건 서울역이 더 이상 기차역이 아닌 복합문화공간으로 바뀐 뒤였다. 그래서 복합문화공간이 된 서울역을 훑어보며 과거 기차역이었을 때의 상황과 모습을 상상하기 힘들었다. 승객들이 분주하게 오갔을 중앙홀에서 주 출입구 상부에 있는 아치창과 천장의 스테인드글라스가

서울역 중앙홀과 빈센트 반고흐 전시 당시 모습

인상적이라는 생각은 했지만 누군가를 기다리는 설렘이나 어딘가로 떠나는 기대감은 들지 않았다. 공간에 겹쳐놓을 기억이 없으니 눈앞에 보이는 모습만으로 의미를 찾아야 했다.

그러다 몇 년 전 빈센트 반고흐 전시가 복합문화공간으로 바뀐 서울역에서 열린 적이 있었다. 반고흐의 생애를 네 시기로 나누어 구성한 전시였는데, 중앙홀에서는 인상주의 화풍이 한창 유행하던 파리로 고흐가 이주했던 시기를 다루었다. 빔 프로젝터를 통해 고흐의 작품뿐만 아니라 당시 파리에서 활동했던 쇠라Georges Seurat, 시냐크Paul Signac의 점묘법 작품과 자포니즘Japonism 열풍을 일으킨 일본판화가 중앙홀의 배럴 볼트Barrel vault(반원형 아치 모양으로 된 천장)와 아치형 고창高窓을 배경으로 펼쳐졌다. 10여 분간의 영상을 보며 전혀 상관없는 서울역과 파리라는 도시가 분위기를 통해 서로 연결되어 있다는 생각이 들었다.

역사驛舍의 역사歷史

일제가 삽입한 다른 근대화 시설과 마찬가지로 서울역도 식민지 수탈을 위한 목적으로 만들어졌다. 서울역 자리에 기차역이 처음 들어선 건 1900년 경인철도가 개통되면서부터다. 경인선의 한쪽 끝은 인천 제물포역이었고 나머지 끝은 서대문역이었다. 현재 농협중앙회와 이화여자외국어고등학교 인근이다. 당시에는 서대문역을 '경성역'이라고 불렀다. 서울역의 전신이라고 할 수 있는 남대문역은 서대문역 전에 있었는데, 남산과 명동에 거주했던 일본인들이 주로 이용했다. 경부선(1905)과 경의선(1906)이 차례로 개통되면서 남대문역의 역할이 조금씩 커졌다. 1917년 조선철도의 운영권이 일본 국책회사인 만주철도주식회사로 이관되면서 서울역 설계와 시공을 관할했다. 1919년 용산역에서 분기되던 경의선이 남대문역으로 노선을 변경하면서 서대문역이 폐쇄됐고 남대문역이 서대문역의 기능을 대신했다. 결국 만주철도주식회사는 새로운 역사 건설을 결정하고 1922년 공사를 시작했다. 역의 이름도 '남대문역'에서 '경성역'으로 바뀠다. 이때부터 서울역은 서울을 대표하는 관문이 됐다.

서울역 설계자에 대한 기억

서울역 설계자에 대한 공식적인 기록은 없다. 하지만 당시 동경대 건축과 교수였던 츠카모토 야스시塚本靖가 그린 도면이 발견되면서 그를 설계자로 보는 의견이 통념으로 자리 잡았다. 그런데 츠카모토 입장에서는 서울역처럼 비중 있는 건물을 설계하면서 굳이 설계자를 밝히지 않을 이유가 없었을 텐데 공식적으로 기록해놓지 않은 이유는 뭘까? 더군다나 츠카모토는 암스테르담역을 모델로 한 동경역을 설계한 건축가였다. 그래서 서울역 디자인은 오랫동안 암스테르담역－동경역으로 이어지는 계보상에 있는 것으로 간주됐다. 그러다 서울역 원형복원사업 과정에서 안창모는 서울역의 모델이 동경역이 아닌 스위스 루체른역이라고 주장했다. 1896년 신축된 루체른역의 설계자는 스위스-오스트리아 건축가 한스 빌헬름 아우어Hans Wilhelm Auer다. 서울역과 루체른역 간의 인과관계를 설명하는 문헌이나 자료는 나오지 않았지만 형태상 두 기차역은 상당히 유사하다.[21]

안창모는 서울역과 루체른역 그리고 그동안 설계자로 알려진 츠카모토 간의 관계를 다음과 같이 설명했다. 만주철도주식회사로부터 서울역 설계를 의뢰받은 츠카모토는 어떤 이유에서였는지 창의적으로 설계하지 않고 유럽 기차역의 디자인을 서울역에 맞춰 수정해서 제공했다. 츠카모토는 영국에서 유학을 하면서 유럽 내 여러 기차역을 직접 보았을 것이다. 창의적인 설계가 아니었기 때문에 츠카모토는 자신이 서울역의 설계자가 아니라고 생각했고 설계를 의뢰한 만주철도주식회사도 이를 인정하여 설계자를 밝히지 않고 준공사진첩을 만들었다.[22]

진위 여부를 떠나 이 설명을 보면서 '츠카모토의 어떤 이유'에 대해 생각해봤다. 혹시 서울역 설계를 자신의 중요한 경력으로 생각하지 않았던 것은 아닐까? 설계를 의뢰한 만주철도주식회사도 츠카모토의 입장을 이해해서가 아니라 역사의 설계자를 굳이 밝힐 만큼 서울역을 비중 있게 보지 않았기 때문은 아닐까? 식민국에게 식민지는 생산 자원이고 잉여 생산물의 소비처일 뿐이다. 설계와 건설을 주도한 집단 모두에게 서울역은 식민지의 대표 기차역 정도였던 것 같다. 그렇기 때문에 서울역이 담고 있는 메시지도 식민지 국민들에게 전하는 식민국의 우월함 정도였을 것이다. 실제, 서울역을 포함한 철도시설과 옛 한국은행 본관(現 화폐박물관, 1912)과 같은 금융시설은 일제 근대화론의 핵심 기반시설이었기 때문에 건물도 제국주의적 속성을 드러내는 화려한 르네상스 양식으로 지어졌다.

기차역을 문화역으로 바꾸기

해방 후 남북이 나뉘면서 서울역은 통과역이 아닌 종착역이 됐다. 서부역사 신설(1969), 지하철 1호선 개통(1974), 민자역사 증축(1988) 속에서도 서울역은 대한민국 수도의 철도 관문 역할을 했다. 그러다 2004년 KTX 서울역사가 개장하면서 그 자리를 넘겨줬다. 다소 상징적인 면이 있기는 했지만 KTX 서울역 개장 전까지 서울역은 꽤 긴 시간 본래의 기능을 유지했다. 운도 좋았다. 만약 산업화 시대 박정희 정부가 국가운송기간망을 고속도로가 아닌 철도로 택했다면 서울역의 변화는 서부역사 신설로 끝나지 않았을 것이기 때문이다. 서울역은 역사적인 공간을 평가하는 가치가 변화된 시대까지 살아남았기 때문에 복합문화공간으로 탈바꿈할 수 있는 기회를 얻었다. 2005년 8월 문화관광부는 서울역의 '문화 공간화 프로젝트'를 시

상급공간으로 분류된 귀빈예비실(위)과 주 계단(아래)

중급공간으로 분류된 다목적홀1(위)과 하급공간으로 분류된 복원전시실1(아래)

작했고 4년 후 복원을 위한 설계자 선정 현상설계를 개최했다.

당선자로 선정된 삼우설계, 금성건축, 아뜰리에17 컨소시엄은 복원 설계에 앞서 가장 먼저 복원시점을 정해야 했다. 근 80년간 기차역으로 사용되면서 많은 부분이 변형됐기 때문이다. 설계 컨소시엄은 서울역이 준공된 1925년을 복원 기준 시점으로 정했다. 그리고 각 공간의 중요성, 역사적 의미, 물리적 상황, 현재적 가치, 잠재적 가치 등을 고려하여 서울역 내 공간을 세 단계로 나누었다. 가장 높은 가치를 지닌 상급공간은 중앙홀, 1, 2등 대합실, 부인대합실, 귀빈실, 예비실, 주 계단, 대식당과 부속시설이었다. 이 공간들은 원래 기능을 유지하거나 복합문화공간에서 가장 중요한 전시실로 바뀌었다. 3등 대합실(복원 후 다목적홀 1), 승객통로, 수화물 취급소, 출찰실(물품보관함), 안내소 계단(안내데스크), 식당부속시설(주방), 이발실(복원전시실2)이 중급공간으로, 화장실(복원전시실1), 사무실 영역(회의실), 지하층이 하급공간으로 분류됐다.

복합문화공간로서의 잠재력

서울역은 '문화역서울284'라는 이름의 복합문화공간으로 재탄생됐다. 새로운 이름에 붙은 '284'는 옛 서울역의 사적 번호다. 복합문화공간이 성공하기 위해서는 기본적으로 많은 사람들이 그 주변을 오가야 한다. 이런 측면에서 보면 서울역으로 인한 엄청난 유동인구는 문화역서울284의 성공 요인일 수 있다. 하지만 서울역을 오가는 사람들은 서울역을 통해 막 서울로 들어온 또는 서울을 떠나려는 사람들이다. 즉, 목적이 분명한 유동인구다. 반면, 목적이 불분명한 산책자들은 대부분 서울역 주변을 배회하는 노숙인들이다. 노숙인들에게 복합문화공간은 당장 필요한 시설이 아니기 때문에 거리감을 느낄 수밖에 없다.

사실 문화역서울284의 개방성을 높이기 위해서는 주변을 배회하는 노숙인 문제를 해결할 필요가 있다. 서측복도를 외부통로로 개방하거나 설계 컨소시엄이 서울역 중심성 회복을 위해 제안했던 연결방안을 실현시키고자 할 때도 주변 노숙자들의 시설 점유가 문제로 떠올랐다.

이런 상황을 고려해보면 옛 서울역을 복합문화공간으로 바꾸는 건 역사적 건물의 활용방안을 문화 및 전시시설에서만 찾는 흔한 발상인지도 모른다. 사실 옛 서울역은 복합문화공간으로서의 잠재력이 높지 않은 장소다. 그럼에도 개관 직후 문화역서울284는 꽤 성공을 거두었다. 역사라는 공간을 살린 전시 프로그램이 큰 역할을 해주었기 때문이다. 2012년 개관 첫 해 방문객 수는 7만 9000명이었고 이후 대략 16만 명이 방문했다.

복합문화공간으로서 문화역서울284의 잠재력이 높아진 또 다른 계기는 개관 당시에는 생각하지 못했던 서울로7017의 개장이었다. 서울로7017 개장 전까지 문화역서울284는 서울역의 분

서울로7017에서 바라본 문화역서울284

주함에서 한 켜 물러나 있었다. 아스팔트 광장으로 열린 출입구도 흡입력이 약했다. 하지만 서울로7017이 문화역서울284를 지나가면서 걸어서 접근하기 편해졌다. 서울로7017은 문화역서울284의 잠재적인 수요자들을 서울역을 이용하는 유동인구에서 서울로7017을 이용하는 산책자로 바꾸어놨다. 여기에 경강선 KTX운행에 따라 선로가 조정되면서 경의선전철의 출입구가 문화역서울284로 옮겨졌다. 문화역서울284가 건물의 본래 역할인 역사로서의 기능을 일부분이나마 수행하게 된 것이다.

역사驛舍의 가치

문화역서울284가 된 서울역을 둘러보면서 전체적으로 과거 모습을 잘 살렸다는 생각이 들었다. 복원을 위해 추가된 새로운 요소들이 원래 요소들과 동떨어져 보이지도 않았고 새로 바른 벽지는 옛 대합실이나 귀빈실의 분위기를 잘 살리고 있다. 심지어 하급 공간으로 분류된 복원전시실에서는 건물이 담고 있는 하찮은 이야기조차 귀 기울여 들을 필요가 있다는 자세가 보이기도 한다.

아쉬운 부분도 있다. 특히, 서측복도 처리는 아쉽다. 서측복도는 중앙홀 및 대합실과 승강장을 연결하는 통로다. 기차를 이용하는 승객들뿐만 아니라 누군가를 떠나보내고 마중 나가는 사람들 모두가 오갔던 공간이다. 서측복도는 떠나는 아쉬움과 설렘

떠나는 아쉬움과 설렘이 교차했던 문화역서울284의 서측복도

이 교차했던 곳이다. 역사는 도시 안에서 도시 밖을 연결하는 공간이라는 점에서 도시 내 다른 시설들과 구분된다. 그래서 역사는 도시의 내부이자 외부다. 서울역에서 그 전환이 이루어졌던 곳이 바로 서측복도다. 어떤 면에서 서측복도는 서울역의 본질인지도 모른다. 사진가이자 소설가였던 존 버거John Berger는 19세기 도시에서 기차역이 '어떤 단호한 존재'로 남아 있는 이유를 '돌아옴과 떠남의 장소'이고 그 어떤 것도 이 두 가지 사건의 중요성을 희석시킬 수 없기 때문이라고 했다.[23]

서측복도가 기차역의 유일성을 담고 있다는 것을 알았기 때문에 설계 컨소시엄도 서측복도를 외부통로로 개방하여 신축된 역사 사이 완충공간으로 활용하고자 제안했다. 현재 서측복도는

전시공간의 일부로 서쪽에 신축된 건물과 과거 플랫폼으로 향하는 통로가 연결돼 있지만 사용되지 않고 있다. 미디어월로 계획됐던 서측 벽을 통해서는 기차가 오가는 선로와 플랫폼이 짙은 어둠 속에서 보인다. 서측복도의 활용은 서울역이 단순히 오래된 건물로서의 가치를 갖느냐 아니면 오래된 역사驛舍로서의 가치를 갖느냐의 차이를 가르는 지점이다.

역사歷史적 가치가 있는 서울역을 완전한 역사驛舍로 사용하는 데는 물론 한계가 있다. 하지만 역으로서의 가치가 여전히 남아 있다면 그와 연계된 복합문화공간으로 활용하는 것이 먼저다. 복합문화공간의 '복합'이 '역사驛舍'와 '역사歷史'의 복합도 될 수 있다고 생각한다.

서천 봄의 마을

건축명	서천 봄의 마을
설계자	윤희진, ㈜비드종합건축사사무소
주소	충청남도 서천군 서천읍 군청로 18

주민들을 위한 도시의 사랑방

해질녘 봄의 마을 광장으로 모여드는 아이들과 주민들
(출처: ㈜비드종합건축사사무소)

마을의 중심,
시장과 광장

한여름 태양 빛은 광장을 뜨겁게 달구어놓았다. 아내와 아이는 벌써 청소년문화센터로 들어가버렸다. 광장 한가운데 서서 생각했다.

'날씨도 더운데… 그냥 갈까….'

광장의 모습은 내가 기대했던 것과 달랐다. 신문기사에 실린 도판을 통해 본 광장은 마을 주민들의 사랑방이었다. 어떤 기사에는 서천군이 설치한 워터풀waterpool에서 동네 어린이들이 신나게 노는 사진도 있었다. 물론 여름과 겨울을 빼고 그나마 외부활동이 가능한 계절 중 비 내리고 황사 있는 날을 제외하면 우리나라에서 광장의 활용도는 낮을 수밖에 없다. 더군다나 지방 소도시에 있는 광장이라면 지금 내가 보고 있는 모습이 일상적인 상황인지도 모른다. 그럼에도 사람으로 북적대는 광장만큼 보기 좋은 것은 없기에 그런 모습을 기대하고 이곳에 왔는지도 모르겠다.

서천 봄의 마을 광장에서 개최된 서천 지명탄생 600주년 전야제 및 기념식
(출처: 서천군청)

광장은 '서천 봄의 마을'이라는 프로젝트를 통해 조성됐다. '봄의 마을'은 서천시장이 이전하고 남은 빈 땅에 조성된 일종의 '사회복지시설 복합단지'다. 청소년문화센터, 여성문화센터, 종합교육센터, 어린이급식관리지원센터 외에도 도서관, 노인정, 직거래장터, 새벽시장, 생협, 생계형 임대상가 등이 배치돼 있다. 그래서 설계자는 이곳을 '문화장터'라고 불렀다. 서천시장을 폐지하고 서천특화시장을 개장한 시기는 2004년이다. 서천특화시장은 원래 자리에서 남서쪽으로 350미터 정도 떨어진 곳에 조성됐다. 얼핏 보면 이전했다고 볼 수 없을 만큼 가깝지만 옛 시장 주변 주민들 입장에서는 원도심에서 나름 신시가지로 이전한 셈이다.

지방 소도시에서 재래시장만큼 변화한 장소는 없다.

서천 '봄의 마을' 프로젝트의 시작

서천 봄의 마을 프로젝트는 2006년 사단법인 문화도시연구소가 기본계획 학술용역을 착수하면서 시작됐다. 이듬해에는 국토해양부와 한국토지주택공사가 추진하는 '살고싶은 도시만들기 2007년 시범도시'에 선정되기도 했다. 그리고 2008년에 '봄의 도시 서천만들기 마스터플랜 및 봄의 마을 시설 실시설계'가 진행됐다.

조성과정에서 수립된 계획을 보면 일단 문제 인식이 좋았다. 계획가는 "예비조사 과정에서, 옛 시장 문제가 시장 이전만의 단순한 문제가 아니라 원도심 상업 환경의 불량과 외곽 주민들의 도심 진입의 어려움, 그리고 그에 따른 주민들의 인근 도시 이탈이라고 하는, 매우 복합적인 상황의 결과라는 데 의견을 모았다."고 밝혔으며 이에 대한 대안으로 "후적지後適地뿐만 아니라 후적지 정비를 통해 서천읍내 공간환경 및 공간문화 전반의 재구성을 위한 연구 필요성"[24]을 제기했다. 봄의 마을은 사회복지시설을 물리적으로 한군데 모아놓은 것이 아니라 원도심 재생을 위한 기존과는 다른 발상이었다.

원도심 쇠퇴에 대응하려는 시도와 한계

'봄의 마을' 광장의 평면은 반듯하지 않다. 굳이 형태를 설명하자면 광장 서쪽을 지나가는 군청로에서 남동쪽으로 긴 깔때기 모양이다. 광장이 이런 모양인 이유는 기존 자연발생적인 필지 형태를 따랐기 때문이다. 계획수립 당시 중요한 결정을 내렸던 주민 협의체인 '봄의 도시 서천읍 주민자치위원회'는 광장 조성 방안으로 블록 전체를 정비하는 '교환정비방안'을 선택했다. 교환정비방안은 토지보상 없이 대토 교환으로 사업지와 도시계획도로를 개설하는 방식이다.

2012년 광장과 주변 건물까지 완공되면서 사업은 일단락됐다. '봄의 마을'은 그해 '대한민국 공공건축상'에서 대통령상을 받았다. 당시 심사위원들은 "공공건축사업의 패러다임으로서의 역할을 할 수 있는 가능성과 공공 및 지역사회에서의 잠재적 역할"을 높이 평가했다. 또한 "사업진행과정에서 주민, 전문가, 공무원 시민단체의 협력이 가장 돋보이는 사업으로, 향후 지역주민을 긴밀하게 단결시키고 문화적으로 성숙한 구심적 역할이 가능한 공간으로 사료된다"[25]라고 봤다. 준공 이후 많은 사람들이 '봄의 마을'을 주목했던 이유도 마찬가지였다. 규모와 상관없이 지방도시에서 일어나는 원도심 공동화에 대한 도시재생 차원의 접근이 기존과 달랐고 그 과정이 주민 주도적이라고 보았기 때문이다.

성장 시대에 집객 효과가 큰 시설을 이전하여 신시가지를 조성하는 방안은 보편적이었다. 그 이면에 시설이 빠져나간 원도심 쇠퇴는 주목할 사항이 아니었다. 원도심 입장에서도 그 정도의 공백은 메울 수 있었다. 하지만 자신의 지역을 대표하는 번듯한 신시가지를 만들고 싶은 집단들의 욕구는 그대로인데 저성장 시대에 접어들면서 상황이 달라졌다. 시설을 이전하여 신시가지를 조성하는 방식은 밑돌 빼서 윗돌 괴기가 됐다. 신시가지는 계획대로 채울 수 없었고 원도심은 주요 시설이 빠져나간 자리를 메울 수 없게 됐다.

서천군의 인구도 1970년 14만 6269명에서 지속적으로 감소하여 2020년 5만 3143명이 됐다. 서천시장이 빠져나간 자리에 상가 신축, 민간 매각 후 주상복합아파트 분양을 통한 인구 유입 등을 요구하는 목소리는 '내 자식만큼은 명문대에 갈 잠재력이 있다'라는 생각과 같다. 그렇기에 '봄의 마을'처럼 그 자리를 광장으로 비우고 그 주변에 원도심 주민들이 쉽게 이용할 수 있는 사회복지시설을 배치하는 계획안은 분명 다른 접근이었다.

그렇지만 이렇게 원도심을 재생하는 방향에 누구나 동의하는 것은 아니다. 2018년, 충남도는 서천군청 이전부지가 포함된 '군사지구 도시개발사업' 시행을 결정했다(구역면적 16만 8282제곱미터). 위치는 기존 시가지 동쪽으로 폐역이 된 서천역에서 원도심과 연결된다. 서천 읍내는 서천읍성이 있는 산을 가운데 두고 그 일대에 분포돼 있다. 현재 서천군청은 서천읍성으로 인해 2층 이상 개발이 불가능하다. 신청사 건립은 서천군의 숙원사업이었는데,

서천 봄의 마을 주변 풍경
(출처: ㈜비드종합건축사사무소)

기존 부지개발에 제약이 있다는 얘기는 기존 부지매각대금으로 청사 신축비를 충당하는 일반적인 사업방식을 취할 수 없다는 것을 의미한다. 그래서 2017년 기존 청사를 리모델링하는 방안이 검토됐었다. 현재 서천군에서 가지고 있는 기존 청사 부지의 활용방안은 서천읍사무소와 각급 사회단체 사무실 입주다.[26]

기존 청사 부지매각비를 기대할 수 없다면 신청사 주변에 매각할 수 있는 택지를 함께 조성해야 한다. 그래야 사업비와 청사 신축비용을 충당할 수 있다. 실제 신청사 건립부지 주변에 공동주택용지와 단독주택용지가 함께 조성된다. 다른 개발사업과 마찬가지로 이곳에서도 공동주택용지가 가장 빨리 매각됐다. 아마도 새로 지어지는 아파트 단지 입주자의 상당수는 원도심 거주자들이 될 듯하다. 물론, 외부 유입을 기대할 수는 있으나 아파트 신축이 그런 역할을 할 수 있었다면 서천군을 비롯한 지방 중소도시의 인구가 지속적으로 감소하지는 않았을 것이다. 멋들어진 신청사와 그 뒤로 펼쳐진 논이 그려진 신청사 조감도를 보며, '친환경 도농복합도시'라는 이미지가 떠오르기보다는 현실과 너무 먼 이상이라는 생각이 앞선다.

마을의 광장이 되기 위한 노력

'봄의 마을'에서 가장 중요한 공간은 어찌됐든 가운데 있는 광장이다. 광장은 공간을 둘러싼 경

건물과 광장 간의 시각적, 물리적 접점을 최대한 높이려는 시도

계edge가 역할을 잘해야 한다. 이를 위해서는 광장을 둘러싼 건물의 용도와 자세가 중요하다. 그렇지 않으면 광장은 넓기만 한 공간일 뿐이기 때문이다. '봄의 마을' 광장을 둘러싸고 있는 건물의 용도는 사회복지시설이다. 사회복지시설은 운영시간이 끝나면 문을 닫는다. 게다가 휴일에는 대부분 휴관이다. 건물이 쉬면 광장도 한적해진다. 한쪽이 대화를 멈추면 다른 한쪽도 멈추는 것과 같은 이치다. 물론 판매시설도 영업시간은 있다. 하지만 사회복지시설의 운영시간은 의무이나 판매시설의 영업시간은 생계과 직결돼 있다. 의무가 생계보다 적극적일 수는 없다. '봄의 마을' 조성 주체가 공공이라는 점을 감안하면 어쩔 수 없는 측면이지만 아쉬운 부분이기도 하다.

그럼에도 설계자는 건물과 광장의 접점을 최대한 늘리려고 했다. 비록 사회복지시설이지만 광장에 면한 건물의 입면을 유리로 처리해 시각적 투과성permeability을 높였고 광장에서 2층과 3층으로 바로 연결되는 계단이나 테라스 등을 설치해 물리적인 접근성도 최대한 높였다. 1층의 건축면적을 위층보다 작게 만들어서 다양한 외부공간을 조성하고 다목적 공용공간을 광장에 접한 부분에 배치하는 시도도 했다. 그중 압권은 군청로에서 가장 먼, 광장 가장 안쪽에 있는 청소년문화센터다.

기울어진 상자,
청소년문화센터

설계자가 '기울어진 상자'라고 부르는 청소년문화센터 건물은 실제 광장에 면한 북쪽이 들려 있다. 그래서 건물이 '이쪽으로 들어와~'라고 말하는 듯하다. 들린 상자 아래에는 지하 1층으로 연결되는 선큰 가든sunken garden과 건물 안으로 들어가는 경사로가 설치돼 있다. 경사로는 건물 안에서 다목적실을 가운데 두고 시계방향으로 회전하며 올라간다. 광장이 서쪽 군청로를 향한 강한 방향성을 가지고 있다는 점을 감안하면 청소년문화센터의 경사로는 광장의 흐름을 건물 안에서 받아주는 장치다. 군청로에서 시작된 110미터 길이의 이 흐름은 경사로를 통해 청소년문화센터 안에서 더욱 길어지고 건물

광장에서 바라봤을 때 공간의 깊이감을 높이는 청소년문화센터

청소년문화센터 내부를 휘감고 올라가는 경사로

안 실별 배치도 경사로를 따라 이어져 있다.

설계자는 중심적 광장에서 깊이로의 방향성을 부여하기 위해 그 시각적 정점에 청소년문화센터를 배치했다고 한다. 그리고 공간에 심도深度를 만들기 위해 건물에 중량감을 부여하고자 했다. 설계자가 택한 방법은 광장을 둘러싼 건물들과 다른 외장재인 동판을 마감재로 사용하는 것이었다. 이를 통해 "압박하는 듯 긴장감을 조성하며, 도시와 건축의 경계를 모호하게 하여 '연속된 도시', '집 속의 도시', '집 속의 집'을 만들"고자 했다.[27]

확실히 군청로에서 바라봤을 때 청소년문화센터는 눈에 띈다. 다만, 그 장면에 종합교육센터(남쪽)와 여성문화센터(북쪽)의 계단 및 사선 절개 입면 그리고 꺾인 선으로 디자인된 바닥 패턴이 함께 보여 상자를 기울인 수고가 잘 느껴지지 않는다. 건물의 입면은 차치하더라도 광장의 바닥 패턴만이라도 계획의도를 드러낼 수 있도록 했다면 어떠했을까? 사실 '봄의 마을'에서 아쉬운 점은 조경을 포함한 외부공간 처리다. 아무리 광장을 만들고자 했어도 우리나라 도시에서 광장의 모습을 생각했다면, 그리고 이곳이 인구가 적은 지방 소도시임을 감안했다면 어느 정도의 조경 공간은 있어야 했다. 광장의 평면이 불규칙하기 때문에 사람이 모이는 영역과 지나다니는 영역을 나누고 모이는 영역에 조경 공간을 조성할 수도 있었다. 아마 설계자도 이를 생각했을 것이다. 하지만 실현하지 못한 건 빡빡한 예산 때문일 듯하다. 하기야 넉넉한 예산으로 진행되는 공공 프로젝트가 어디 있겠는가?

지방 소도시의 한적한 광장의 풍경

전적으로 주민들을 위한 도시의 사랑방이 되기를

준공 5년이 지난 2017년 봄의 마을이 위기에 처한 적이 있었다. 서천읍 사거리 인근 상인 1257명이 '봄의 마을 주차장 조성 탄원서'에 서명하고 이를 서천군에 제출하는 사건이 있었다. 주민들 입장에서는 늘 비어 있는 광장을 어떻게든 활용하고 싶었을 것 같다. 그런데 서천 읍내에 주차장이 정말 부족한가? 봄의 마을 건너편에는 꽤 많은 주차장이 흩어져 있다. 탄원서를 제출한 상인들이 있는 서천읍 사거리를 기준으로 했을 때 500미터가량 떨어져 있기 때문에 멀다고 볼 수 있지만 500미터는 걸어서 10분도 안 걸리는 거리다. 심지어 500미터는 일반적으로 도시계획에서 언급하는 보행권이다. 그렇다면 서천 읍내의 전체적인 보행환경을 개선해서 한적하게 거닐 수 있는 동네를 만드는 것이 더 합리적이지 않을까? 차 몰고 와서 상점 앞에 주차한 뒤 식사를 하거나 물건만 사고 떠나는 동네가 아니라 주차하고 한적하게 동네를 거닐며 이것저것 먹고 사기도 할 수 있는 환경을 만드는 방안을 고민해야 한다. 봄의 마을 조성 초기 "서천읍내 공간환경 및 공간문화 전반의 재구성"은 결국 이를 두고 한 말이다.

애석하게도 봄의 마을을 둘러보는 동안 내가 기대했던 장면은 끝내 볼 수 없었다. 아마 최근 2년 동안은 코로나 때문에 더더욱 광장다운 모습이 일어나지 못했을 것이다. 그럼에도 봄의 마을에는 '광장'이 있기 때문에 언제든 여건만 마련되면 사람들이 모일 수 있다. 서천에는 국립생태원, 국립해양생물자원관을 비롯해 '서천발전정부대안사업'으로 추진된 굵직굵직한 시설들이 많다. 그러니 봄의 마을만큼은 외지인들이 아닌 서천 읍내 주민들의 진짜 '문화장터', '도시의 사랑방'이 됐으면 좋겠다.

제주 유민 아르누보 콜렉션과 글라스하우스

건축명　유민 아르누보 콜렉션, 글라스하우스

설계자　안도 다다오

주소　제주특별자치도 서귀포시 성산읍 섭지코지로 107

땅끝 두 개의 문門

'돌의 문'과 그곳으로 이르는 여정

뭍도 섬도 아닌 땅,
섭지코지

제주 사투리는 마치 다른 나라 말 같다. 보롬(바람), 자왈(덤불), 오름(산), 왓(밭) 등 자연을 설명하는 단어도 마찬가지다. 그중 '섭지코지'라는 지명도 있다. 섭지코지는 제주도 동쪽 평평한 땅으로 그 북쪽에는 세계자연유산인 '성산일출봉'이 있다. 섭지코지는 '좁은 땅'을 뜻하는 '협지狹地'의 제주 방언 '섭지'와 '곶串'을 의미하는 제주 방언 '코지'가 합쳐진 단어다. 곶은 바다를 향해 부리 모양으로 튀어나온 육지다. 그런데 섭지코지는 북서쪽 모서리 아주 좁은 지점에서만 육지와 연결돼 있다. 그래서 육지임에도 섬의 특성도 함께 가지고 있다. 이곳에 들어선 리조트 '휘닉스 제주' 홈페이지에서는 섭지코지를 "천혜의 자연과 비일상의 즐거움이 공존하는 '지상낙원'"이라고 소개하고 있다. '비일상'과 '낙원'은 뭍과 떨어진 섬이 갖는 이미지다. 참고로 섭지가 '재사才士가 많이 배출되는 지세'라는 설명도 있다. 하지만 섭지코지의 지형을 봤을 때 좁은 땅이라는 의미보다는 개연성이 떨어진다.

탁월한 자연경관과 독특한 땅의 생김새로 인해 섭지코지는 오랫동안 개발과 보존의 요구가 충돌해왔다. 1989년 발표된 '성산포해양관광단지' 개발사업도 그중 하나였다. 8년 후 제주도는 서귀포 범섬, 문섬 일대, 마라도 형제섬 일대 그리고 섭지코지 일대를 생태관광지로 개발하기 위해 해양공원으로 지정했다. 개발기간은 2006년까지였지만 개발사업자들이 지자체에 사업이행계획서를 제출하고 토지매입을 착수한 시점은 6년이 지난 2003년 7월이었다. 계획서에 언급된 도입시설은 해중전망대, 해양생물가든, 해수스파랜드, 마린레포츠센터, 영상체험관, 영상효과관, 호텔, 콘도, 빌라형 콘도, 상가 등이었다. 개발사업 시행예정자는 ㈜보광과 휘닉스개발투자였다.[28] 현재 휘닉스 제주에는 최고급 빌라 콘도와 전용라운지(아고라), 콘도, 전시시설(유민 아르누보 콜렉션), 엔터테인먼트센터(글라스하우스), 수족관(아쿠아플라넷 제주)이 들어서 있다.

잘나가는 건축가들의 참여

휘닉스 제주는 스위스 건축가 마리오 보타Mario Botta와 일본 건축가 안도 다다오Ando Tadao가 설계에 참여한다는 발표로 주목을 받았다. 다분히 개발자가 의도했던 이슈이기도 했다. 두 해외 건축가의 참여 발표가 있기 전에도 마리오 보타의 국내 진출은 이미 이루어져 있었다. 서초동의 교보타워(2003)를 비롯해 서울 한남동에 있는 리움 뮤지엄1 Lee-um Museum1(2004)이 그가 설계한 건물들이다. 그래서 그때까지 국내 진출이 이루어지지 않았던 안도 다다오가 설계한 건물에 이목이 더 집중됐다. 당시 안도 다다오는 원주의 한솔뮤지엄(現 뮤지엄 산)의 기획을 비공개로 시작한 상태였다(2005. 11.). 두 명의 해외 건축가 외 국내 설계자로 삼우설계가 빌라 콘도를, 간삼파트너스가 콘도와 마스터플랜을 맡았다.

마리오 보타가 설계한 아고라는 빌라 콘도 서쪽에 있다. 아고라는 제주 판석으로 마감된 저층부와 그 위의 유리 피라미드 구조물로 이루어져 있다. 섭지코지의 자연 풍광을 고려하여 날카로운 인상을 주는 피라미드의 꼭지는 잘라냈다. 건물의 평면과 입면을 가득 채운 연속된 정사각형과 정육면체는 기하학의 대칭 구성을 이룬다. 이는 마리오 보타 건축의 특징으로 정합성을 넘어 엄격한 인상을 준다. 하지만 꼭지가 잘린 유리 피라미드를 통해 건물 안을 밝히는 빛이 극적인 효과를 연출하며 이러한 인상을 완화한다.

안도 다다오가 설계한 유민 아르누보 콜렉션과 글라스하우스는 섭지코지 동쪽 끝에 있다. 성산일출봉과 가장 가까운 자리다. 건축가는 제주도에 많다고 하는 '돌'과 '바람'으로 제주의 문화와 풍토를 건축적으로 표현할 수 있는 방법을 고민했다고 한다. 솔직히 제주에서 건축물을 설계할 때 상당수 건축가들이 하는 진

마리오 보타가 설계한 아고라

삼우설계가 설계한 빌라 콘도

부한 고민이다. 안도 다다오는 두 건물을 '돌의 문'과 '바람의 문'으로 만들었다. 벽에 개구부를 만든다고 해서 문이 되는 건 아니다. 문이 되기 위해서는 문으로 이르는 길과 그 길을 따라가는 '여정'이 있어야 한다.

'돌의 문', 유민 아르누보 콜렉션

두 건물로 가는 길에서 먼저 만나는 건 유민 아르누보 콜렉션Yumin Art Nouveau Collection이다. 안도 다다오는 유민 아르누보 콜렉션을 통해 "제주도의 풍토를 느끼면서 명상할 수 있는 공간, '돌'과 '참억새', '유채꽃' 등 제주도의 '자연'을 재발견할 수 있는 경관을 형성하면서 성산 일출봉을 조망하는 새로운 시점을 창출하고자 했다".[29] 유민 아르누보 콜렉션이 '돌의 문'이라고 한다면 그 문으로 이르는 여정은 입장권 구입 후 주 출입구로 들어서면서 시작된다.

여정의 시작에서 가장 먼저 방문객을 맞는 건 연못이다. 연못은 벽으로 둘러싸여 있어서 작게 느껴진다. 연못 앞에서 시선은 벽이 나뉜 오른쪽으로 향한다. 그 틈을 통해 밖으로 나가면 연못이 있는 공간과 달리 어떤 벽으로도 막혀 있지 않은 탁 트인 공간이 나온다. 벽을 막고 열어서 방문객을 원하는 방향으로 이끄는 건 안도 다다오 특유의 정교한 설계 방식이다. 지그재그 형태

돌의 문으로의 여정이 시작되는 유민 아르누보 콜렉션의 입구

의 길을 따라 살짝 내려가면 곧게 뻗은 길과 그 끝에 서 있는 벽이 보인다. 벽 가운데에는 사각 프레임이 뚫려 있다. '돌의 문'이다. 돌의 문 주변의 조경은 마치 방금 전에 화산활동이 일어난 것처럼 거칠다. 그 거침 속에서 곧게 선 제주석 벽은 초자연적 현상의 발현처럼 느껴진다.

곧게 뻗은 길에서 방문객은 마치 무언가에 홀린 듯 돌의 문으로 들어서게 된다. 방문객은 돌의 문에 가까워질수록 더 선명하게 들리는 물소리에 끌린다. 물론 그 소리를 내는 물은 문 밖에서는 보이지 않는다. 그래서 궁금증은 더 커진다. 돌의 문 안쪽에는 노출콘크리트로 된 문이 하나 더 있다. 일종의 이중구조다. 두 문

돌의 문으로 이르는 여정

은 짧은 다리로 연결돼 있고 그 아래에는 노출콘크리트 건물을 한 바퀴 돌아 건물 안으로 이어지는 길이 있다. 짧은 다리에서 길을 내려다보면 한쪽은 제주석으로, 다른 한쪽은 노출콘크리트로 만들어진 벽이 마주하고 있다. 이 장면에서 건물의 원래 이름 지니어스 로사이Genius Loci와 '명상·전시공간'이라는 처음 용도가 떠올랐다. 지니어스 로사이는 '(그 땅의) 수호신, 분위기, 기풍氣風'이라는 뜻이다. 이 건물을 설명하는 단어들이 어딘가 관념적이라 유민 아르누보 콜렉션은 개장시간에 맞춰 조용히 홀로 관람하는 것을 추천한다.

바다와 하늘이라는 맥락을 벗겨낸 탈맥락화된 성산일출봉

일상과 궁극, 이곳과 저곳,
+1과 -1을 나누는 성산일출봉

종종 유민 아르누보 콜렉션의 입지를 두고 '섭지코지의 배꼽'이라고 부른다. 아마도 배꼽이 정말 있다면 노출콘크리트 건물 안에 있을 것이다. 왜냐하면 어떤 용도가 됐든 유민 아르누보 콜렉션에서 기능을 담을 수 있는 공간은 노출콘크리트 건물 안쪽이기 때문이다. 배꼽은 생명체를 만들어준 탯줄이 닿았던 지점의 흔적이다. 그래서 배꼽은 한 생명체의 시원이다. 고대 그리스어에서 유래한 배꼽을 뜻하는 영어 단어 '옴파로스Omphalos'의 첫 번째 의미는 '중심'이다. 그렇다면 결국 제주석 벽은 지니어스 로사이의 배꼽, 중심, 즉 궁극의 공간을 감싸는 보호막이다. 그리고 돌의 문을 통과해 제주석 벽과 노출콘크리트 벽 사이로 난 길을 따라 반시계 방향으로 도는 과정은 궁극의 공간으로 가는, 배꼽으로 가는, 중심으로 가는, 땅의 수호신을 만나러 가는 여정이 된다. 그 길에서 설계자는 제주의 풍토를 대변하는 '성산일출봉'을 향한 극적인 장면을 방문객에게 보여준다.

돌의 문으로 들어와 물이 흐르는 벽 사이를 지나면 가로로 긴 틈으로 성산일출봉이 보인다. 그런데 지금까지 우리가 보았던 성산일출봉과는 뭔가 조금 다르다. 뭐가 다를까? 우리가 흔히 보았던 성산일출봉은 바다의 수평선 그리고 그 위 하늘과 함께 있는 장면이었다. 그런데 안도 다다오가 보여주는 성산일출봉은 바다 위 하늘이 빠진 '성산일출봉 자체'이다. 수평선 위에 담긴 거대함, 쪽빛 하늘이 가로로 긴 틈에 가려 있기 때문이다. 여기서 성산일출봉은 '바다와 하늘과 함께 있는 성산일출봉'에서 바다와 하늘이라는 맥락을 벗겨낸, 탈맥락화된 상태다. 탈맥락화된 성산일출봉은 늘 보아왔던 장면을 꿈에서 본 것처럼 익숙하면서도 낯설다. 이 장면이 우리에게 던지는 메시지는 이 지점이 일종의 '중간계中間界'라는 것이다. 유민 아르누보 콜렉션 입구에서 시작해 노출콘크리트 건물 안쪽의 궁극의 공간까지 가는 여정의 중간 지점, 단계로 설명하면 +1과 -1의 가운데인 ±0. 일상의 공간과 궁극의 공간 한가운데, 익숙한 세계에서 낯선 세계로 넘어가는 바로 그 지점.[30]

궁극의 공간을 나와 다시 일상의 공간으로

중간계를 지나 노출콘크리트 건물 안으로 들어가는 순간 방문객은 세상과 단절된다. 건물 안에서 빛은 아주 제한된 틈을 통해서만 들어온다. 최초 건물이 '명상·전시공간'이었으니 설계자가 건물 안에서 일어나기 원했던 행위는 '방문객의 명상'이다. 그래서 노출콘크리트 건물 안의 구성은 '미로maze'가 아닌 '미궁labyrinth'이다. 사람들이 갈피를 잡지 못하는 미로의 목적은 분석을 통한 퍼즐의 해결이다. 반면, 자연스럽게 중심에 이르는 미궁의 목적은 움직이며 하는 명상이다. 그래서 미로에서는 길을 잃지만 미궁에서는 자기 자신을 잊을 수 있다.

노출콘크리트 건물 안쪽은 '田' 자 형태로 구성돼 있다. 관람객은 북서쪽에서 들어와 '十' 자로 난 복도를 통해 각각의 전시실로 이동하고 각 전시실 안쪽에는 'ㅁ' 자 혹은 'ㅇ' 자 벽이 설치돼 있어 겹공간을 이룬다. 앞서 제주석 벽까지 포함하면 이중구조 안에 또 다른 이중구조가 있는 셈이다. 겹공간 안쪽까지 들어갈 수 있는 문은 방향을 각기 달리하고 있어 어느 순간 방향을 잃게 된다. 하지만 돔으로 덮인 중심공간으로 모두 연결되기 때문에 길을 완전히 잃지는 않는다. 관람객이 각기 다른 체험을 할 수 있도록 안도 다다오가 심어놓은 또 다른 장치는 벽의 외장 처리다. 두 개의 'ㅁ' 자 벽은 시멘트 블록과 노출콘크리트로 만들어져 있고 'ㅇ' 자 벽은 흰색 페인트가 매끈하게 칠해져 있다

노출콘크리트 건물을 나온 방문객은 수평 틈 사이의 성산일출봉을 다시 마주한다. 탈맥락화된 성산일출봉은 방문객에게 궁극의 공간(-1)에서 나와 일상의 공간(+1)으로 향하는 중간계(±0)로 돌아왔음을 알려준다. 그리고 이 지점부터 일상으로 조금씩 돌아가는 또 다른 여정이 시작된다.

이중구조로 된 돌의 문을 나오면 제주의 자연이 펼쳐진다. 앞서 돌의 문으로 들어오는 여정에서 봤던 장면인데 왠지 낯설다. 이런 느낌이 드는 순간 전에는 주의 깊게 보지 않았던 것들이 말

유민 아르누보 컬렉션의 가장 안쪽으로 가는 길과 궁극의 공간

을 걸어오기 시작한다. 아니 어쩌면 내가 그들이 하는 이야기를 들을 자세가 되어서 그런지도 모른다. 예컨대 널브러진 제주석 사이에 살고 있는 식물들에서 느껴지는 강한 생명력, 긴 여정에서 살아 돌아왔다는 안도감, 가끔 저 세상을 경험하고 온 사람들이 갖는 생의 집착, 뭐 그런 것들.

'바람의 문', 글라스하우스Glass House

유민 아르누보 콜렉션을 나와 땅끝에 있는 글라스하우스로 가보자. 안도 다다오는 글라스하우스를 "제주의 햇살을 그대로 담은 곳, 바다를 그대로 품은 곳, 바람을 시각화하고 미각화한 곳"[31]으로 만들고자 했다. 보이지 않는 바람을 어떻게 시각화하고 미각화할 수 있을까? 바람은 자신을 스스로 드러낼 수 없다. 바람이 드러나기 위해서는 타자他者가 필요하다. 동시에 타자가 아닌 바람을 느끼기 위해서는 절묘한 타이밍 또는 미묘한 뉘앙스가 있어야 한다. 모두 감지하기 힘든 것들이다. 그런데 글라스하우스에는 그 감지하기 힘든 것들을 느끼게 하는 세밀함과 여유가 없다.

바람의 문으로 가는 여정은 글라스하우스 앞에 있는 회전교차로에서 시작된다. 회전교차로 북쪽으로 뚫린 프레임을 통과해 오른쪽을 바라보면 건물 가운데 있는 '바람의 문'이 보인다. 준

정동향을 향해 손벌린 기하학으로 설명되는 글라스하우스

바람의 문으로 가는 여정
준공 직후 나무데크가 깔린 상태, 2008년 촬영(위)
콘크리트로 바뀐 현재 상태, 2018년 촬영(아래)

공 당시 프레임에서 바람의 문으로 이르는 살짝 경사진 길에는 나무데크가 깔려 있었다. 그래서 바람의 문으로 가는 과정은 조심스러웠다. 나무 바닥은 방문객의 발걸음을 따라 삐거덕거리는 소리를 냈다. 자연스럽게 걷는 속도는 느려졌다. 소리를 내는 나무 바닥으로 시선이 향하기도 했다. 그렇게 천천히 바람의 문을 통과했을 때 보이는 장면은 티끌 하나 없는 바다의 수평선이다. 고개를 숙이고 문을 통과했다면 이 장면을 접하는 순간이 더 극적이었을 듯하다. 설계자가 의도한 대로 방문객이 '바람의 문'을 통과하는 순간, 풍경과 함께 온몸으로 '바람'의 기억을 마음에 새기기 위해서는 바람의 문으로 이르는 여정을 길게 만들어야 한다. 단순히 물리적으로 긴 길이 아닌 시간적으로 넉넉하게 느껴지도록 해야 한다. 그래야 그 넉넉함 속에서 미묘함과 절묘함을 찾을 수 있다.

하지만 현재 바람의 문으로 이르는 길은 무미건조하고 튼튼한 콘크리트 바닥이다. 해풍으로 인해 처음 설치한 나무 바닥이 뒤틀린 이유도 있었지만 무엇보다 처음 시공 상태가 조악했다. 콘크리트 바닥으로 바뀌면서 바람의 문으로 들어가는 과정은 이제 평범한 이동이 됐다. 또한, 그렇게 도착한 문 안쪽 선라이즈 파크Sunrise park에서는 "'바다'와 '하늘'의 저편에 있는 '미래'와 대화하는 장소"[32]라는 설계자의 의도를 읽을 수 없다.

설계자의 의도를 읽을 수 없는 글라스하우스는 거친 비판의 대상이 됐다. 섭지코지의 뛰어난 자연풍광, 성산일출봉에 대응

유민 아르누보 컬렉션과 글라스하우스 그리고 성산일출봉이 함께 보이는 풍경

하는 듯한 건물의 도드라짐은 그 비판을 더 거칠게 만들었다. 누군가는 스타 건축가들이 설계한 건물이 자본가들이 일으키는 심각한 난개발의 변명으로 활용되고 있다고 했다. 대부분의 사람들은 건물이 들어서면 안 되는 땅에 글라스하우스가 들어섰다고 비판했다.

여정의 풍요로움

안도 다다오가 설계한 두 건물의 차이점은 건물이 품고 있는 두 문으로 이르는 여정에 있다. 그 여정 속에서 건축가가 의도한 과정과 이야기를 읽을 수 있는 넉넉함이 있다면 섭지코지의 자연과 장소의 특성도 함께 느낄 수 있다. 사실 여정의 풍요로움은 비단 안도 다다오가 설계한 두 건물에만 해당되는 건 아니다. 오히려 섭지코지라는 땅이 육지임에도 섬에 가깝기 때문에 이곳에서 저곳, 일상에서 궁극, 현재에서 미래로 이르는 여정은 섭지코지에 들어선 모든 건물에 필요한 과정이다.

여수 애양원

건축명 애양원 한센기념관

설계자 김종규(마루건축)

주소 전라남도 여수시 율촌면 산돌길 43

병은 아픔이지 선악의 징후는 아니다

서로 마주 보고 있는 애양원 예배당과 옛 병원 건물

성경에 기록되어 있는 병, 나병癩病

지금 내가 있는 곳과 아득히 멀리 떨어져 있는 것 같은 장소가 있다. 그래서 다시 그곳을 찾아가면 폐허나 흔적만 남아 있을 것 같다. 마치 꿈속에서 보았던 곳처럼. 여수에 있는 애양원도 그런 공간 중 하나다. 애양원이 이런 느낌을 주는 이유는 한센병 환자들을 위한 치료와 생활 공간이었기 때문이다. 한센병은 나균癩菌에 의해 감염되는 만성전염병이다. 눈썹이 빠지고 피부와 근육이 문드러지는 증상이 나타난다. 그래서 사람들은 '나병', '문둥병'이라 불렀다. 접촉을 통해 한센병이 전염될 수 있다는 생각 때문에 그리고 환자들의 모습이 흉하다는 이유로 한센병 환자들은 일반인들과 분리되어 살았다. 그러니 그들을 위한 공간은 어떤 시대가 됐든 일반인들과 떨어진 곳에 있어야 했다. 애양원은 1928년부터 있었던 근 100년이 다 된 실존하는 장소이지만 바깥세상과는 단절된, 눈에 띄어서는 안 되는 장소였다.

병은 아픔이지 선악의 징후는 아니다. 하지만 한센병은 성경에 기록된 내용으로 인해 악惡의 이미지를 갖게 됐다. 더군다나 그 병의 증상을 앓는 사람들의 모습을 흉하게 여겼기 때문에 중세시대 한센병 환자는 귀신의 저주를 받은 사람들로 간주됐다. 「마태복음」 8장 2절, "나병 환자 한 사람이 예수께 다가와 그에게 절하면서 말하였다. '주님, 하고자 하시면, 나를 깨끗하게 해주실 수 있습니다'", 3절, "예수께서 손을 내밀어서 그에게 대시고 '그렇게 해주마. 깨끗하게 되어라' 하고 말씀하시니, 곧 그의 나병이 나았다" 그리고 10장 8절, "앓는 사람을 고쳐주며, 죽은 사람을 살리며, 나병 환자를 깨끗하게 하며, 귀신을 쫓아내어라. 거저 받았으니, 거저 주어라" 등에서 알 수 있다.

애양원의 시작, 우일선 원장

성경의 기록 때문이었을까? 성직자에게 한센병자를 고치는 건 예수의 행적을 따르는 일이었다. 애양원의 시작도 그랬다. 1909년 목포진료소에서 활동하던 윌리 포사이스Wiley Forsythe 의사는 남평과 광주 금당산 사이에서 한센병자를 발견했다. 그리고 광주진료소로 데려와 치료해주었다. 하지만 그 환자는 완치되지 못하고 죽었다. 당시 광주 제중원 2대 원장이었던 R. M.윌슨R. M. Wilson 선교사는 포사이스의 행동에 감동을 받아 한센병자 구제사업을 시작하기로 했다. 우리에게는 한국명 '우일선'으로 더 잘 알려진 인물이다. 그러나 입원환자들이 반발했다. 결국 1925년 여천(現 여수시)에 한센병자들을 치료하기 위한 병원과 숙소 그리고 예배당을 착공했다. 일종의 한센병자를 위한 복합시설이었던 셈이다. 우일선 원장은 이듬해에 광주 제중원을 떠나 이곳으로 왔다.

그는 건물을 지은 언덕을 '명심대明心臺'라 불렀다. '병은 마음에서 오는 것이므로 병을 고치려면 마음을 다스리는 것이 우선이라는 생각'에서였다. 당시 완공된 한센병원이 현재 '애양병원 역사박물관'이다. 당시 병원명은 자신의 이름을 거는 조건으로 건물을 지어주기로 한 사업가 비더울프의 이름을 따 '비더울프 나병원Biederwolf Leper Colony'으로 불렀다. 하지만 비더울프는 자신의 뜻을 이루지 못하고 세상을 떴다. 이후, 이곳은 '사랑으로 양을 키우는 동산'이라는 뜻의 '애양원愛養園'으로 이름을 바꾸었다. 병원 건물은 1960년대 중반에 현대식 병원이 완공되면서 양로원으로 바뀌었다. 그러다 2000년 '애양원 역사관'으로 리모델링됐다. 당시 리모델링은 기존 입면 앞에 유리 패널을 덧씌우는 방식으로 진행됐다.[33]

애양원이 처음 생길 때 병원과 함께 예배당도 지어졌다. '봉선리 교회당' 혹은 지명을 따라 '신풍 교회당'이라 불렀는데, 당시 예배당은 지금과 같은 규모의 석조건물은 아니었다. 처음 지어진 예배당은 화재로 전소됐고 이후 '애양원'으로 이름이 바뀔 때쯤 재미교포 독지가 석은혜의 기부로 다시 지어졌다. 그래서 새

애양원 예배당의 내외부 모습

로 지어진 예배당을 '석은혜 예배당'이라 부르기도 했다. 현재 우리가 보는 예배당 건물에서 동쪽에 있는 첨탑과 정면 가운데 부분을 없애면 당시의 모습이 된다.

애양원 역사에서 빼놓을 수 없는 인물은 1939년부터 1950년 9월 순교할 때까지 예배당의 담임목사로 있었던 '손양원'이다. 11년간의 재직기간 중 5년을 감옥에 있었는데, 죄목은 일제의 우상숭배 비판이었다. 해방과 함께 출옥한 손양원은 한국전쟁 때 퇴각하던 공산군에 의해 총살당했다. 그의 죽음을 '순교'라 부르는 이유다. 현재 애양원이 있는 신풍반도 끝에 그의 순교기념관이 있다. 애양원 예배당은 한국전쟁 후 증축됐고 1970년대 말에 개축됐다. 그리고 1980년대 초에 '성산교회'로 개명됐는데, '성산聖山'은 '거룩한 동산'이라는 뜻이다.

병원과 예배당의 관계

병원과 예배당은 서로 마주 보고 있다. 병원이 언덕 위에 올라 남쪽 바다를 바라보고 있으니 병원의 배치는 땅의 형세에서 생각할 수 있는 전형적인 방식이다. 문제는 예배당의 배치다. 비슷한 시기에 지어졌던 예배당과 그 부속건물 간의 관계를 보면 같은 방향으로 배치되는 것이 일반적이다. 전주의 전동성당(1914), 원주의 용소막성당(1915), 칠곡의 가실성당(1923), 음성의 감곡성당(1930), 의왕의 하우현성당(1965, 사

검은 지붕의 예배당과 주황색 지붕의 옛 병원 그리고 가장 위쪽 한센기념관의 배치
(출처: 구글어스)

제관은 1906)이 대표적인 예다. 애양원의 예배당과 병원이 이 관계를 따랐다면 예배당도 남쪽의 바다를 향한 탁 트인 조망을 확보할 수 있었다. 이 외 생각할 수 있는 다른 선택은 예배당이 동향이나 서향으로 배치되는 것이다. 즉, 병원과 예배당이 'ㅗ' 자를 이루는 배치다. 이 경우 동향일 때는 바다를, 서향일 때는 마을을

예배당에서 바라본 옛 병원(역사관)의 정면

향해 예배당의 얼굴을 내밀 수 있다. 하지만 예배당의 평면이 깊이감을 갖는, 한쪽 방향으로 긴 바실리카 양식이라는 점을 감안하면 병원의 입구 앞에 예배당의 측면이 보이는 관계는 적절해 보이지 않는다. 옆문을 만들어 해결할 수도 있었겠으나 특별한 이유가 아니라면 같은 방향을 바라보는 배치가 더 적절해 보인다. 어찌됐든 현재 예배당과 병원은 이 두 방식이 아니라 서로 마주 보고 있다. 왜 이렇게 배치했을까?

병원과 예배당이 마주 보면서 생기는 공간은 두 시설의 주 출입구가 모이는 가운데 영역이다. 현재 이 영역에는 몇 개의 기념비가 세워진 화단이 있다. 화단이 없다 하더라도 두 시설 사이에 광장과 같은 넓고 빈 공간이 굳이 있을 필요는 없다. 두 시설이 마주 보면서 이루는 확실한 관계는 병원과 예배당의 동등함이다. 두 시설이 동등해야 하는 이유를 생각하다 나름 찾은 답은 두 시설이 만들어진 이유인 '한센병'이었다. 당시 사람들은 한센병을 치료하기 위해서는 성령의 힘이 필요하다고 믿었다. 우일선 원장이 건물이 들어선 언덕을 '명심대'라 불렀을 때 예배당은 마음을 다스리기 위해 무엇보다 중요한 시설이었다. 병원과 예배당 사이에서 두 시설을 번갈아 바라보며, 두 시설을 번갈아 드나들며 완치를 바랬을 한센병자들의 간절함이 떠올랐다. 그들에게 병의 완치는 아픔과 고통으로부터의 벗어남보다 격리된 공간으로부터의, 악의 저주를 받았다는 사람들의 시선으로부터의 해방이었다. 그리고 다수의 삶이 있는 공간으로 돌아가는 일이기도 했다.

병원과 예배당 사이에 들어선 한센기념관

2009년에는 애양원 100주년 기념예배 및 기념식이 열렸다. 그리고 '손양원목사 유적지 테마 기념공원 조성 및 순교기념관 리모델링 사업'과 '한센기념관 건립 사업'이 차례로 진행됐다. 한센기념관 커뮤니티동은 병원과 예배당 사이에 들어섰다. 건물을 설계한 김종규는 등록문화재인

일(一) 자로 배치된 한센기념관 전시동과 옛 병원 그리고 예배당

옛 애양병원과 예배당 사이에서 어떤 관계를 맺을 것인가라는 질문에서 작업을 시작했다. 자문에 대한 자답은 '기존 맥락을 유지하기 위해 둘 사이의 관계에 끼어들지 않는다'였다. 그는 한센기념관이 새로 지어졌지만 항상 그 자리에 있는 건축물처럼 편안하고 작위적이지 않아서 오래된 건물들과 자연스럽게 어우러져 그 일부분이 되기를 원했다.

한센기념관은 커뮤니티동과 전시동으로 이루어져 있다. 설계자는 남쪽에 배치된 커뮤니티동을 한껏 낮추고 북쪽에 배치된 전시동을 한 켜 뒤로 물렸다. 최종적으로 남쪽에서 북쪽으로 예배당–커뮤니티동–역사관–전시동이 언덕의 높이를 따라 일一자로 배치됐다. 커뮤니티동은 역사관 지하에 마치 원래부터 있

역사관에서 한 켜 물러서 있는 한센기념관 전시동

역사관 아래 원래부터 있었던 것 같이 자리 잡은 한센기념관 커뮤니티동

었던 기단부처럼 들어서 있다. 다른 작업을 할 때도 땅에 대해서는 늘 민감하게 생각했던 설계자는 특히 땅이 지닌 높이를 중요하게 여겼다.

외벽과 빛의 유입

한센기념관 외부에서 가장 인상적인 부분은 '외벽'이다. 외벽은 모두 노출콘크리트로 처리돼 있는데 일반적인 노출콘크리트 외벽에서 볼 수 있는 줄눈과 폼-타이form-tie(거푸집의 간격을 유지하며 벌어지는 것을 방지하는 조임 기구)가 깨끗이 지워져 있다. 줄눈과 폼-타이는 노출콘크리트가 갖는 구축의 흔적이다. 그 흔적을 지웠다는 건 아무것도 아닌 벽, 여기서 벽이라는 건축 요소마저 지워 빈 면面이 되겠다는 의도다. 일종의 미니멀리즘이다. 흰색에 가까운 밝은 회색의 빈 면은 현장에서 채굴한 연노란색 사암류로 지어진 역사관과 예배당을 올곧이 보여주는 배경이 된다. 김종규는 "기존의 것을 무심하게 따르는 것이 과거와 현재를 잇는 최소한의 역할"이라고 생각했다.[34]

한센기념관 내부에서 가장 눈에 띄는 건 '빛의 유입'이다. 대부분의 전시공간과 마찬가지로 한센기념관 내부도 흰색 벽이다. 전시공간의 벽이 흰색인 이유는 어떠한 전시도 담아낼 수 있는, 철저한 빈 면이 되어야 하기 때문이다. 그런데 외부의 빈 면과 달리 내부의 빈 면은 전시물의 배경이자 동시에 실내를 밝히는 빛

줄눈과 폼타이를 깨끗이 지워 빈 면이 된 외벽

빛의 변주를 느낄 수 있는 한센기념관 내부

의 배경이기도 하다. 그래서 들쑥날쑥한 천장면과 벽면에 빛이 닿으면 실내공간은 다양해진다. 창의 위치는 빛의 유입에서 매우 중요한 역할을 한다. 전시동에서 창은 두 가지 형태인데, 하나는 천장 높이에 맞춘 높은 창이고 다른 하나는 바닥에 맞춘 낮은 창이다. 둘 모두 시선은 바깥으로 새나가지 않으면서 자연광으로 내부를 밝히는 역할을 한다. 이 중 소나무 사진이 전시돼 있는 전시동 마지막 공간에는 높은 창이 설치돼 있다. 그리고 높은 창을 통해 밖에 있는 소나무가 보인다. 사진 속 소나무와 건물 밖 소나무가 아래위로 어우러져 한 장면을 이룬다.

시작에서 찾는 가능성

한센기념관과 예배당으로 오는 길 중간에는 과거 한센병자들이 머물렀던 병사病舍가 남아 있다. 애양원 설립 후 3년 동안 41동의 병동을 지었는데, 이 중 15개가 현재 '치유의 숲'이라는 숙박시설로 쓰이고 있다. 건물의 지붕은 대부분 사라졌지만 이곳에서 채석한 돌로 만든 벽은 대부분 그대로다. 그래서 김봉렬은 돌로 만들어진 벽은 최대한 살리고 필요할 경우 아연판과 같은 재료로 보강한다는 원칙으로 리모델링을 진행했다. 기존 벽으로 둘러싸인 공간이 온전할 경우 이 공간을 작은 마당으로 쓰고 숙박동은 뒤로 배치했다. 전면 벽체가 구조적으로 약할 때는 벽 뒤쪽에 노출콘크리트를 두껍게 더했다.

공동화장실 건물에서는 기존 벽체를 요철형태로 잘라내고 새로운 벽체를 끼워 넣기까지 했다. '흔적 남기기'로 논문을 썼던 후배가 애양원의 리모델링된 건물을 흥미롭게 바라봤다. 후배와의 대화를 통해 조금 더 깊이 생각할 수 있었다. 같은 돌로 만들어진 병원과 예배당 그리고 병사를 번갈아 보며 과거 고립되어 살아야 했던 한센병 환자들의 삶을 상상했다. 고립된 삶에서 그들이 구할 수 있는 건축 재료는 이 땅에서 얻을 수 있는 연노란색 사암류밖에 없었을 것이다.

솔직히 '치유의 숲'은 일반적인 숙박시설로 쓰이기에는 여러 한계가 있다. 가장 큰 이유는 결국 '한센병'이다. 일단, 한센병 환자들을 위한 시설이었기 때문에 동네가 너무 외지다. 더군다나 1970년대 초 애양원 앞에 여수공항이 완공되면서 이곳으로 들어오려면 공항을 끼고 돌아야 한다. 그래서 찾아오기도 힘들고 다른 곳으로 이동하기에도 불편하다. 주변 시설의 이미지가 숙박시설을 찾는 일반적인 목적과 상충된다는 점도 약점이다. 이 땅이 한센병자와 관련돼 있다는 사실을 모르고 오더라도 인근에 있는 애양원 역사관과 한센기념관을 둘러보면 그 분위기가 단순히 숙박을 위해 이곳을 찾은 사람들과는 맞지 않다는 걸 금방 느낄 수 있다. 차가운 수술도구를 보고 무거운 마음이 들지 않을 사람이 얼마나 되겠는가? 또한, 치유의 숲으로 오기 전에 여수애양병원을 거쳐야 하고 인근에 요양소가 있는 상황도 썩 밝지 않다. 외진 입지에 주변 시설까지 밝지 않다면 기꺼이 오고 싶은 마음

과거 한센병자들이 머물렀던 병사

이 들지 않는 건 당연하다.

그런데 이런 한계를 극복하기 위한 실마리도 역시 '한센병'에 있다. 숙박시설의 이용 대상을 일반적인 이용객이 아닌 다른 목적으로 오는 사람들로 설정하면 답이 없지도 않다. 병원과 연계해보는 것도 신중히 접근하면 좋은 아이디어일 수 있다. 무엇보다 땅이 지닌 '한센병'과 관련된 이야기는—비록 다크 투어리즘dark tourism 성격이 강하지만—확실한 스토리텔링이 될 수 있다. 이곳에 더 이상 한센병자들이 살지 않더라도 이 땅은 여전히 소수에 대한 박해, 격리, 배격의 기억을 가지고 있다. 그렇기 때문에 다른 대상으로 치환해 과거의 박해, 격리, 배격을 포용, 수용하는 치유의 장소가 될 수 있다. 진정한 '치유의 숲'이 되는 방법이다. 어떤 성격의 숙박시설이 됐든 제안하고 싶은 건 전체적인 분위기만큼은 옛 건축물의 멋을 살릴 수 있도록 바뀌었으면 좋겠다. 옛 건축물의 활용은 그 자체의 흔적을 고스란히 남기는 것과 더불어 일관된 개념을 유지하는 것이 더 중요하기 때문이다. 그렇게 되면 애양원의 외진 입지와 정적인 분위기가 필요한 누군가에게는 나름 매력적인 장소가 될 수 있다.

주변 자연을 해치지 않기 위해 신중히 조성된 소쇄원

쉼을 위한 두 공간

'미술관 피로Museum fatigue'라는 말이 있습니다. 미술관이나 박물관과 같은 전시시설을 관람할 때 생기는 육체적, 정신적 피로 상태를 의미합니다. 미술관 구석구석을 걸어 다니며 몇 시간 동안 집중해서 관람하다 보면 아무리 세계적인 미술작품이라 하더라도 보기 싫어질 겁니다. 그래서 전시실 가운데에 관람객들이 앉을 수 있는 의자를 두고 때로는 근사한 전망을 갖춘 카페를 설치하기도 합니다. 잠시 쉬었다 관람을 계속하라는 의도죠.

사실 미술관 관람뿐만 아니라 삶에도 잠시 쉬는 시간이 필요합니다. 1519년 양산보梁山甫에게도 그런 시간이 필요했습니다. 더군다나 그해에 일어난 기묘사화 때 양산보는 자신의 스승 조광조의 죽음을 목격했기 때문에 트라우마가 컸을 겁니다. 양산보는 고향인 담양 어느 외진 곳으로 들어가 정원을 만들기 시작했습니다. 그 정원이 한국조경을 대표하는 소쇄원瀟灑園입니다. 양산보에게 소쇄원을 가꾸는 일은 그가 겪은 트라우마를 스스로 치유하는 행위였는지도 모릅니다.

선비들 사이에서 입소문이 났는지 소쇄원을 찾는 사람들은 양산보 대에만 국한되지 않았습니다. 소쇄원은 그의 아들과 손자를 거치며 여러 선비들에게 그곳을 찾아와 쉬고 느끼며 그것들을 마음껏 표현하는 장場이 되어주었습니다. 요샛말로 플랫폼이 된 거죠. 김인후, 송순, 임억령을 비롯해 고경명, 기대승, 정철이 소쇄원에 들렀고 손자 대에도 임회가 소쇄원을 즐겨 찾았다고 합니다.

그런데 이곳을 찾은 대부분의 선비들은 자의든 타의든 정계에서 미끄러져 이곳으로 흘러들어 왔습니다. 그리고 그들은 양산보와 달리 자신들의 정계 복귀를 꿈꿨죠. 그들에게는 회복을 위한 임시적 거처가 필요했고 그래서 선택한 곳이 소쇄원이었습니다. 그런 선비들에게 양산보와 그의 자손들이 제공한 건 탁주濁酒와 소쇄원을 둘러싼 자연이었습니다. 그래서 그곳에는 광풍각光風閣, 제월당霽月堂뿐만 아니라 벽 하나 물소리 하나 기존 자연을 거스르는 것이 없습니다. 더군다나 소쇄원은 좋은 경치를 즐기기 위해 잠깐 머무는 승경勝景 정자가 아니라 잠도 자고, 밥도 먹고 손님도 맞는 생활의 기능이 가미된 별서別墅 형식의 정자였습니다. 즉, 소쇄원에 며칠씩 머무는 선비들에게 이곳을 둘러싼 자연은 '일상의 풍경'이었죠.

소쇄원을 찾았던 선비 중 김인후는 「소쇄원 48영」을 지었고 고경명은 「유서석록遊瑞石錄」에서 소쇄원에 관한 글을 남겼습니다. 그리고 그러한 과정이 상처 입은 선비들에게는 정신적 치유였습니다. 지금도 많은 예술가들이 소쇄원을 찾아 그 느낌을 표현하고 있습니다. 특히, 건축가들은 '담의 건축, 벽면의 건축(김봉렬)', '나그네(최준석)', '지식인의 창조적 태도(승효상)', '경계가 맑아 구분의 경계가 사라진 통합(김개천)', '과정상의 이해(정인하)' 등의 설명을 통해 자신들의 고전을 평가하고 있습니다.

현재를 사는 우리가 쉼을 위해 소쇄원을 찾기에는 그곳이 너무 멉니다. 용인시 백암면, 주말에 차를 몰고 교외로 가볍게 나가 다녀올 만한 거리에 알렉스 더 커피Alex the Coffee라는 카페가 있습니다. 주차를 하기 직전까지 이런 시골에 카페가 있을까? 하는 의문이 들 정도로 주변은 농촌풍경입니다. 건물 동쪽에는 축사가 있고 북쪽으로는 논 그리고 서쪽에는 녹슨 양철 슬레이트 건물이 있습니다. 그런데 이 외진 곳에 주말만 되면 주차할 곳을 찾기 힘들 만큼 사람들이 몰려옵니다. 소쇄원이 구전으로 입소문이 나서 양산보 후손대까지 선비들이 찾아왔다면 알렉스 더 커피는 SNS를 통해 입소문이 났습니다.

알렉스 더 커피를 찾는 사람들은 같이 온 사람들과 대화를 나누기도 하지만 노트북을 펴놓고 각자의 일을 하거나 때로는 책을 읽기도 합니다. 별 대수롭지 않은 행동이어서 굳이 이 외진 곳까지 와서 해야 하나라는 생각도 들지만 저도 벌써 같은 행동을 하고 있습니다. 사실 알렉스 더 커피에서 어떤 행동을 하느냐는 중요하지 않습니다. 그곳을 찾는 사람들이 원하는 건 주중 동안 쌓인 피로를 풀고 쉬는 겁니다. 다만 그 수단이 소쇄원을 찾은 사람들이 시나 글이었다면 이곳을 찾는 사람들은 대화, 작업, 독서인 거죠.

손님들의 쉼을 위해 알렉스 더 커피가 제공하는 건 탁주가 아닌 커피와 농촌의 풍경입니다. 카페 건물을 유리로 지은 이유도 이 때문입니다. 건물 내·외부의 시각적 경계를 없애주는 유리는 손님들이 실내에서 주변 풍경을 감상할 수 있게 하는 가장 좋은 외장재입니다. 입구 앞에는 텃밭도 만들어 놨습니다. 알렉스 더 커피 주변 농가의 거주자들에게 텃밭을 비롯한 주변 논과 자연은 일상의 장소이자 노동의 공간이지만 손님들에게는 사계절 자연의 변화를 느끼는 경로입니다. 설계자는 텃밭이 보여주는 초록의 기운이 손님들을 안정시켜줄 것이라 생각했습니다.

쉼을 위해 소쇄원이나 알렉스 더 커피와 같은 일상에서 떨어진 공간을 찾는 것조차 쉽지 않을 때도 많습니다. 때로는 그런 곳을 찾아가기 전에 정신적 피로가 한계에 다다르는 상황에 이르기도 하죠. 어쩌면 우리에게는 쉴 수 있는 일상의 자리를 찾는 게 더 필요한지도 모릅니다. 집 근처 카페나 도서관 구석의 한 자리, 그것도 찾기 힘들다면 출퇴근 시간에 이어폰을 꽂고 있는 그곳이 일상에서 쉼을 위한 자리인지도 모릅니다.

현대인들이 주중의 피로를 풀고 쉬는 장소, 카페

2F

3F

옛 남영동 대공분실

건축명 남영동 대공분실

설계자 김수근(공간건축사사무소)

주소 서울특별시 용산구 한강대로71길 37

두려움과 절망마저 삼킨 무표정한 검은 벽돌

표정과 감정이 느껴지지 않는 남영동 대공분실

"어떤 용무로 오셨어요?"

"5층 좀 견학하려고 하는데요."

"여기 방문증 작성해주시구요. 신분증 맡기시고 돌아가실 때 찾아가세요."

안내하는 분의 말투는 친절했지만 눈빛에서는 경계심이 느껴졌다. 방문증을 내밀며 데스크 안쪽을 보자 내가 갈 곳을 비추고 있는 CCTV화면이 보였다. 정문 초소를 나오자 무표정한 남영동 대공분실이 나를 내려다보고 있었다.

이 건물은 영화 〈1987〉에서 가장 자주 등장하는 배경으로 극중 인물들은 '남영동'이라 불렀다. 건물 외부가 나오는 장면에서는 검은색 벽돌이, 건물 내부가 나오는 장면에서는 세로로 긴 창이 남영동 대공분실을 상징했다.[35]

지킬과 하이드

벽돌과 세로로 긴 창은 모두 남영동 대공분실을 설계한 김수근의 건축적 특징이었다. 특히, 1970년대 김수근이 설계한 건축물들에서 반복적으로 등장한다. 이 시기 김수근의 건축은 '조적組積(돌이나 벽돌 따위를 쌓는 일)'으로 대표된다. 1959년 남산국회의사당 현상응모로 건축계에 혜성처럼 등장한 김수근은 1960년대에는 해외 유명 건축가들의 설계를 주로 차용했다. 미술사학자 최순우를 만나면서 김수근은 '한국성', '전통성'에 대해 탐구하기 시작했고 비로소 자신만의 건축언어를 형성해나갔다. 1970년대가 바로 이 시점이었다. 남영동 대공분실도 김수근의 1970년대 건축언어와 맥을 같이 한다. 1980년대에는 하이테크한 기술의 이미지를 조형적으로 반영하고자 했던 그는 1986년 6월 14일 세상을 떠났다.

1970년대뿐만 아니라 김수근의 전 생애에서 대표작은 그가 이끌었던 공간건축이 사용했던 '공간사옥(1971)'이다. 여러 매체에서 평가하는 공간사옥의 특징은 한국인의 크기에 맞는 휴먼 스케일Human scale이 적용된 친밀하고 다양한 공간이다. 현재 공간사옥을 전시시설로 사용하고 있는 아라리오 뮤지엄 서울은 공간사옥이 외부에서 봤을 때는 폐쇄적이지만 내부 공간은 마치 한옥의 구조처럼 서로 통해 있고 유동적으로 변할 수 있다고 말한다. 그리고 경사진 땅의 특징을 고려하여 한 층 높이의 반을 올리는 스킵 플로어Skip floor를 적용하였고 한국인의 평균키를 고려

김수근의 대표작으로 꼽히는 공간사옥

한 다양한 크기의 방이 중첩되어 있다고 설명한다. 공간사옥은 1977년에 한 차례 증축되었는데, 이로 인해 내부 공간은 더 복잡해지고 중첩의 정도가 심해져 한눈에 인지하기 힘들어졌다.[36]

퍼즐을 맞추듯 공간사옥을 설명하는 문장을 조금만 수정하면 남영동 대공분실에 대한 설명이 된다. 김수근이 '휴먼 스케일'을 통해 공간을 사용하는 사람들에게 주고자 했던 건 '친밀감'이었다. 친밀감의 사전적 정의는 "지내는 사이가 매우 친하고 가까운 느낌"이다. 그런데 처음부터 그럴 수 없는 사이여서 매우 친하고 가까운 느낌을 느낄 수 없다면? 남영동 대공분실로 끌려온 사람들과 끌고 온 사람들은 처음부터 친밀할 수 없는 사이였다. 친밀했다면 '끌' 필요도, 죽도록 고문을 가할 수도 없었을 것이다.

공간사옥과 유사한 디자인의 남영동 대공분실

1987년 고故 박종철 열사가 사망한 남영동 대공분실 509호실에서 휴먼 스케일은 사적 영역이 침범된 거리다. 사망 당시 박종철 열사는 서울대학교 언어학과 3학년에 재학 중이었다. 23세. 그의 죽음은 1987년 6월 항쟁의 기폭제가 됐다. 난 그의 죽음을 선거 참여로 기리고 있다.

공간사옥의 특징인 '다양한 공간'을 남영동 대공분실에서도 확인할 수 있다. 우선 입면에서 보이는 넓은 창과 좁은 창, 넓은 주 출입구와 좁은 뒷문, 낮은 뒷문을 통과한 뒤 만나는 높이를 가늠할 수 없을 만큼 시커멓게 높은 나선형 계단실, 'ㄱ' 자로 건물이 만나는 지점의 낮음과 높음, 평평한 아치 안쪽에 막혀 있는 듯한 휴게공간과 뒤쪽으로 열린 동선, 막혀 있는 듯한 5층 복도와 어딘가 다른 층으로 열린 문, 어긋나게 배치된 취조실의 문 배치로 막힌 듯 보이지만 열린 평면 설계. 모두 1970년대 김수근이 설계한 건축물의 특성이다.

이 건물의 설계자가 김수근이라는 폭로가 처음 있고 나서 진위 여부에 대한 논란이 있었다. 2012년 경찰청이 설계도면과 시방서를 공개하면서 김수근이 설계했다라는 사실이 밝혀지자 이번에는 그가 이 건물의 용도를 처음부터 알고 설계했느냐 그렇지 않느냐로 논쟁의 초점이 옮겨갔다.

사실 김수근의 공과功過는 비단 남영동 대공분실에만 있는 건 아니다. 그러나 그의 제자들이 현재 우리나라 건축계의 원로 자리에 있기 때문에 남영동 대공분실을 통한 과오를 인정하기란

공간사옥(위)과 남영동 대공분실(아래)의 공간들

쉽지 않다. 이는 종묘 앞에 떡하니 들어선 세운상가(1967), 남산 경관을 망쳤다는 자유센터(1964)와는 다른 차원이다. 김수근 건축의 정수라고 할 수 있는 1970년대 건축, 이로써 한국성과 전통성을 현대적으로 가장 잘 해석했다는 평가가 남영동 대공분실로 인해 모두 상실될 수도 있기 때문이다.

동선의 분할

1970년대 공간건축을 지배했던 원칙은 공간의 '분할'과 '나눔'이었다. 남영동 대공분실은 공간의 나눔이 가장 실질적인 기능으로 적용된 건물이다. 특히, 행정 업무와 취조를 위한 동선과 공간이 철저히 나누어져 있다. 남영동 대공분실에서 일어났던 행위를 건물 내 모든 직원들이 알았다고 보기는 힘들다. 아무리 '빨갱이 소탕'이라는 사상적 주입이 됐다 하더라도 건물 관리원이나 미화원들까지 눈과 입을 단속하는 건 불가능했다. 이를 위해 행정 업무와 취조를 위한 동선은 서로 분리되어야 했다. 이는 발주처의 요구사항이었을 가능성이 높다. 문제는 외부인의 출입도 철저히 통제해야 했기 때문에 건물 내외부가 연결되는 동선은 하나여야만 했다. 김수근의 해결책은 주 출입구를 통과하자마자 바로 나누는 것이었다.

행정 동선은 일반적인 공공청사처럼 건물의 정문을 통해 이루어진다. 정문은 따뜻한 남쪽을 향해 있다. 권위적인 시대였으니

외부인의 출입 통제를 위한 주 출입구

취조를 위한 뒷문

정문 앞에는 커다란 원형 화단이 조성돼 있다. 정문 앞에 내려줘야 하는 분들을 태운 차량이 돌아 나가야 했으니 화단조성이 목적이 아니라 화단의 형태인 원이 목적이었다. 반면, 취조 동선은 주 출입구를 통과한 뒤 바로 우회전해서 건물 뒤로 연결된다. 피조사자를 태우고 내리는 일 그리고 그 사이에 일어날 수 있는 저항의 진압은 건물 뒤쪽의 주차공간에서 일어났다.

공간의 나눔

동선 분리와는 별도로 공간 분리는 언뜻 보면 이해할 수 없다. 취조실이 지하가 아닌 지상 5층에 있기 때문이다. 일반적으로 건물에서 외부와 가장 분리된 공간은 지하다. 지상으로 연결되는 곳만 차단하면 빼도 박도 못하는 곳이어서 지하는 무언가를 은폐하기에 최적이다. 여의도 지하벙커가 30년 만에 발견된 이유도 그 시설이 지하에 있었기 때문이다. 남영동 대공분실을 기획한 사람들도 취조실을 지하에 두고 싶었을 것 같다. 하지만 1976년, 당시 김치열 내무부장관이 건물 공사를 발주했고 같은 해 10월 2일 준공됐다는 점을 감안하면 지하 공사를 할 만큼 시간적 여유가 없었던 것 같다. 은폐해야 할 시설이 지하에 배치될 수 없다면 택할 수 있는 차선은 지상에서 가장 먼 곳이다. 남영동 대공분실은 준공 당시 5층이었다. 현재와 같이 7층으로 증축된 시기는 1983년 12월이다.

건물을 사용한 조직의 연혁을 살펴보면 준공과 증축 이유를 짐작할 수 있다. 치안본부 대공분실의 시작은 1948년 10월에 발족한 치안국 특수정보과 중앙분실이었다. 이 조직의 목적은 대간첩 수사 업무다. 그해 4월 3일에 제주 4·3사건이 발생했고 10월에는 여수·순천사건이 일어났다. 1970년 10월 이 조직은 정보과 공작분실로 바뀌었고 6년 뒤 치안본부 대공과 대공분실로 다시 바뀌었다. 김수근이 설계한 새 건물은 치안본부 대공과 대공분실을 위한 시설이었다. 건물이 증축된 1983년 12월에는 좌경의식 수사 업무를 흡수하고 제4부 대공수사단으로 통합됐다. 이후 경찰청 대공수사 1단, 2단, 대공2부, 보안3과 등으로 직제가 개편됐다.

건물을 사용해온 조직의 연혁에서 가장 많이 등장하는 단어는 '대공對共'이다. 대공의 사전적 의미는 "공산주의나 공산주의자를 상대함"이다. 그 방법은 고 박종철 열사와 고 김근태 의원 고문으로 보여줬다. 그럼 그 시대에 정의됐던 공산주의(자)는 무엇이고 누구였을까? 영화 〈1987〉에서 고문당하던 한병용(유해진)에게 회유를 위해 박 처장(김윤석)이 들려주었던 자신의 가족사는 우리에게 좌우 이념이 한국전쟁을 통해 어떻게 굳어졌는지를 단편적으로 보여준다. 박 처장의 주장에 따르면 자신의 가족은 아버지가 아들처럼 돌봐줬던 집안일을 하던 사람에게 몰살당했다. 공산주의 그리고 사회주의 사상에 경도된 그 사람이 박 처장의 가족을 몰살시킨 이유는 대지주였기 때문이다.

하지만 박 처장 또한 같은 논리로 상대를 대했다. 박 처장이 사실을 폭로하겠다는 조 반장(박휘순)에게 협박조로 한 말은 "선택하라우, 월북자 될래? 애국자 될래?"였다. 박 처장에게 공산주의(자)와 빨갱이는 나와 다른 생각을 지닌 공존할 수 없는 존재다. 이 논리 어디에서도 중간은 존재하지 않는다. 빨갱이라는 말 아래에는 흑백만 존재할 뿐이다.

세로로 긴 창… 그 안쪽에서

취조실이 5층에 배치된 다음 설계자가 해결해야 하는 문제는 외부에서 잘 알아보지 못하도록 은폐하는 일이었다. 쉽게 생각할 수 있는 방법은 지상에 있지만 지하처럼 창이 없는 먹방을 만드는 것인데, 이 같은 구조는 외부에서 봤을 때 오히려 더 눈에 띄게 된다. 다른 층에도 창이 없다면 덜할 테지만 그럴 수는 없으니 결국 설계자는 다른 형태의 창을 냈다. 김수근이 설계한 창의 형태는 세로로 긴 창이었다. 마침 조적에서 세로로 긴 창은 구조적인 이유 때문에 가로로 긴 창보다 어색하지 않다. 창의 폭은 30센티미터가 채 되지 않으니 피조사자의 투신은 불가능하다. 투신 방지는 취조실이 5층에 있기 때문에 반드시 필요했다. 5층에서 유일하게 다른 형태의 창은 복도가 끝나는 건물 측면에 있다. 만약을 대비해 이 창에는 철조망이 설치돼 있다.

세로로 긴 창이 집중돼 있는 5층과 건물 후면

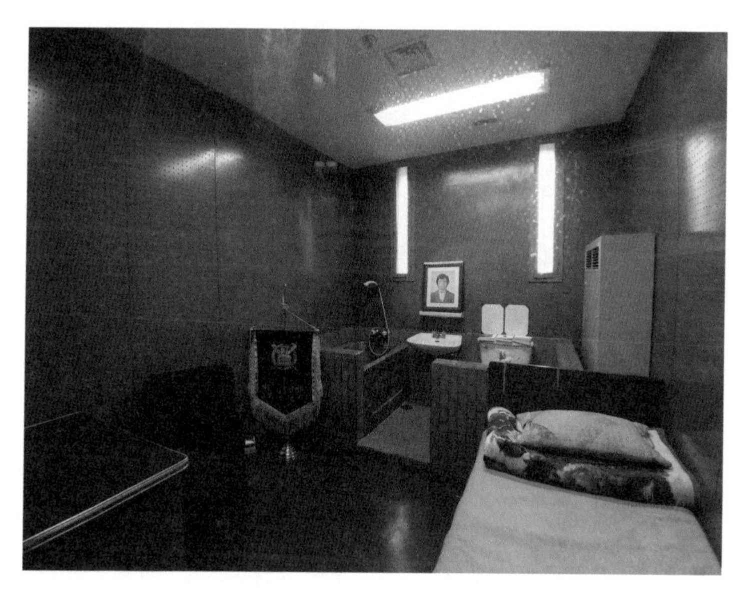

박종철 기념전시실이 된 509호실

설계자는 5층에만 세로로 긴 창이 있으면 이 또한 어색해 보일 수 있다는 점을 간과하지 않았다. 그래서 다른 층 중간중간에 그리고 낮은 층의 건물에도 세로로 긴 창을 설치했다. 심지어 증축된 6~7층에도 세로로 긴 창이 섞여 있다. 기왕 창을 설치했으니 창에 기능도 부여했다. 창의 일반적인 기능은 환기, 채광, 조망이다. 취조실에서 필요한 창의 기능은 환기뿐이다. 고문의 냄새를 빼내야 했기 때문이다. 세로로 긴 창은 그 안에서의 소리마저 빠져나가지 못할 만큼 아주 조금만 열린다.

공포를 증폭하는 장치, 나선형 계단

피조사자를 5층으로 데리고 가는 일도 설계자가 풀어야 할 과제였다. 일단 행정 동선과는 분리되어야 하니 설계자는 별도의 계단이나 엘레베이터를 설치했다. 엘레베이터는 1층에서 5층으로 바로 도달한다. 주목할 점은 계단의 형태로 김수근은 나선형을 택했다. 일반적으로 나선형 계단은 평면적인 공간을 적게 차지하는 장점이 있다. 하지만 오르내리기는 위험하다. 더군다나 남영동 대공분실의 나선형 계단은 혼자 오르내리기에도 비좁다. 만약 피조사자가 반항을 한다거나 자력으로 계단을 오를 수 없는 상황이라면 나선형 계단을 이용하기는 어렵다. 그렇다면 일반적인 계단을 설치하는 것이 더 자연스럽고 효율적이다. 그럼에도 굳이 나선형 계단을 설치한 이유는 무엇이었을까?

피조사자들의 공간감을 상실시키고 공포감을 유발하기 위해서였다. 나선형 계단을 이용했던 피조사자는 스스로 걸어 올라가야 했다. 즉, 의식이 있었다는 얘기다. 조사자가 계단을 올라가면서 층수를 인지할 수 없도록 나선형 계단이 있는 공간에는 창이 두 개밖에 없다. 눈이 가려진 상태에서 계단을 돌고 돌고 돌며 느꼈을 공포감을 상상하는 일만으로도 몸이 떨린다. 여기에 더해 내가 나선형 계단을 오르내리며 느꼈던 선뜩함은 이 장치가 1970년대 김수근이 '한국성', '전통성'에 대해 탐구하면서 나왔다

건물 후문에서 5층으로 바로 연결되는 나선형 계단

는 데 있다.

전통 건축의 특징 중 하나는 최종적으로 도달하고자 하는 장소가 처음부터 드러나지 않는다는 것이다. 그리고 그 과정에서 거치는 공간은 새로운 장면의 공간들과 그다음 장면을 암시한다. 그래서 우리나라 건축에서 시퀀스sequence는 단속적斷續的이다. 사찰건축에서 영주 부석사, 서원건축에서 안동의 병산서원을 떠올려보자. 그리고 이 두 건축물이 보여주는 시퀀스를 차용한 몇몇 현대건축물—과천 국립현대미술관(김태수, 1982), 국립 청주박물관(김수근, 1987)—도 생각해보자.

남영동 대공분실에서 피조사자가 최종적으로 도달해야 하는,

아니 끌려가야 하는 곳은 조사실이 있는 5층이다. 피조사자가 나선형 계단이 있는 1층 후문에 들어섰을 때 자신이 최종적으로 가야 할 5층은 드러나지 않는다. 계단을 돌고 돌아 5층 복도에 도착해야 이윽고 드러난다. 전통 건축에서의 시퀀스처럼 나선형 계단은 1층과 5층을 동선적으로는 연결하지만 감각적으로는 단절시킨다. 여기에 더해 나선형 계단은 공간사옥의 스킵 플로어, 옛 강원 어린이회관의 경사로와 함께 수평적으로 전개되는 시퀀스를 수직적으로 전환시키는 장치였다.

남겨진 건물의 존재 이유

남영동 대공분실은 1991년 치안본부 대공보안분실에서 경찰청 보안분실로 바뀌었다. 그리고 2005년 7월 26일, 당시 허준영 경찰청장에 의해 경찰청 인권보호센터로 개칭됐다. 3년 후에는 박종철 기념전시실을 개관하고 일반인들의 방문도 허용했다. 2018년 제31주년 6·10민주항쟁 기념식에서 문재인 대통령은 이 건물을 민주인권기념관으로 조성하겠다고 밝혔다. 민주인권기념관의 개관예정일은 2023년 6월이다.

영화 〈1987〉이 흥행하자 많은 사람들이 남영동 대공분실을 찾기 시작했다. 그리고 이런 건물이 자신들이 사는 곳과 너무 가까이 있다는 사실에 치를 떨었다. 경찰청에서는 외부 방문객들을

고 박종철 열사와 피조사자들이 바라봤을 5층 복도

위해 5층 복도의 형광등을 항상 켜놓았다. 좋은 의도지만 그렇다 보니 고 박종철 열사를 비롯해 그곳으로 끌려갔던 사람들이 느꼈던 감정을 복도에서 느끼기는 어려워졌다.

나선계단을 몇 바퀴 돌아 어딘지 모를 곳으로 끌려온 사람들에게 어두침침한 복도는 공포 그 자체였을 것이다. 정해진 취조실로 가기 위해 복도를 이동하는 동안 또는 끌려가는 동안 양쪽 방에서는 고함과 비명, 때로는 신음소리가 흘러나왔을 것이다. 취조실로 들어서기 직전 복도 끝에 있는 창을 통해 들어오는 작은 빛은 가족과 동료들의 품으로 더 이상 돌아가지 못할 수도 있다는 생각을 들게 했을 수 있다. 그렇게 들어간 취조실에서 들리는 남영역의 안내방송이 더 절망적으로 느껴졌을 것 같다.

남영동 대공분실을 보존하고 민주인권기념관으로 사용하는 이유는 아픔을 기억하기 위해서다. 그렇다면 민주인권기념관이 된 남영동 대공분실에서도 피조사자들이 느꼈을 두려움과 절망을 비록 아주 작더라도 여전히 느낄 수 있어야 한다. 그것이 건물을 남기는 이유다.

춘천 KT&G상상마당

건축명　강원 어린이회관

설계자　김수근(공간건축사사무소)

주소　강원도 춘천시 스포츠타운길399번길 25

어린이를 위한, 상상을 담은 비행기 날다

의암호와 북배산을 향해 날아가는 비행기를 연상케 하는 형태

어린이를 위한 문화기반시설

유년 시절을 보낸 1980년대는 지금과 달리 부모들이 아이들을 데리고 갈 만한 곳이 마땅치 않았다. 그럼에도 아버지는 나와 누나를 데리고 이곳저곳을 다니셨는데, 그중 가장 자주 갔던 곳은 집 근처에 있었던 인천상륙작전기념관(1984)이었다. 가끔 먼 곳도 갔는데, 특히 천안 독립기념관(1987)은 개관일에 맞춰 갔던 곳이라 지금도 기억이 선명하다. 비가 내리던 날 전국에서 몰려온 관람객들로 인해 독립기념관으로 가는 길이 주차장이나 다름없었기 때문이다.

지금은 상황이 완전히 달라져서 집 주변 키즈 카페뿐만 아니라 캐릭터를 활용한 다양한 실내 놀이 공간 그리고 직업 체험을 할 수 있는 시설까지 아이를 데리고 갈 곳이 참 많다. 여기에 지자체들이 앞다투어 만든 '어린이'라는 단어가 시설명에 들어간 문화기반시설도 상당하다. 문화체육관광부가 매해 발간하는 『전국문화기반시설 총람』에 따르면 2020년 기준 전국 1164개 박물관과 미술관 중 '어린이'라는 단어가 시설명에 들어가는 곳은 총

일곱 곳이다. 그리고 유사한 성격으로 '서울상상나라'도 있다. 이 중 가장 오래된 시설은 인천 어린이박물관으로 2005년 5월 5일 개관했다. 전국 1134개 공공도서관 중 어린이도서관도 총 80개가 있다. 이 중 '서울시립어린이도서관(1979)'이 가장 오래됐다.

1980년대 지방뿐만 아니라 서울에도 '어린이'를 위한 문화기반시설은 제대로 갖춰져 있지 않았다. 그도 그럴 것이 지방에 국립박물관이 지어진 시기는 1975년 이후였다. 그해 부여박물관과 경주박물관이 국립으로 승격됐고 이후 광주(1978), 진주(1984), 청주(1987)에 국립박물관이 개관했다. '어린이날'을 지정해서 그날만이라도 몇몇 시설에서 어린이들을 위한 행사를 개최하자는 생각을 할 만한 때였다. 이런 상황에서 1980년에 강원 어린이회관이 춘천시에 개관했다는 건 상당히 이례적인 일이다.

이 이례적인 시설은 일단 어린이를 위한 시설임에도 어린이가 쉽게 갈 수 없는 곳에 있다. 얼핏 보면 의암호 옆에 작은 언덕을 끼고 있는 주변 환경이 어린이들이 마음껏 뛰어놀 수 있는 여건이라 생각할 수 있지만 위치가 너무 외지다. 춘천의 중심인 중앙로터리에서 차를 이용할 경우 15분이면 충분하지만 준공 당시 차를 소유하고 있는 사람은 별로 없었다. 그럼 대중교통을 이용한 접근은 어떠했을까? 현재도 중앙로터리에서 버스로 30분 정도 걸린다. 어린이를 위한 시설이라면 어린이들이 도보로 접근할 수 있는 위치가 가장 좋은데, 강원 어린이회관은 춘천 시내를 기준으로 도보권 밖에 있다.

김수근의 1970년대 건축의 특징을 보여주는 강원 어린이회관 출입구

입지뿐만 아니라 건물이 건립된 배경을 봐도 과연 이 건물이 진정 어린이들을 위한 시설이었는지 의심스럽다. 1980년 5월 24일 개관한 이 건물은 강원도가 춘천과 원주에서 열린 제9회 전국소년체전을 기념하기 위해 건립됐다. 1980년 5월 24일은 광주에서 5·18민주화운동이 일어난 지 일주일도 지나지 않았을 때다. 실제 당시 소년체전은 5월 27~30일에 개최될 예정이었으나 6월 10~13일로 연기됐다. 그 시절 전국체전과 소년체전은 도시 기반시설을 확충할 수 있는 큰 이벤트였다.

어린이들을 위한 놀이터

건축은 땅을 이길 수 없다. 다만 건축물의 설계를 통해 땅이 가지고 있는 한계를 어느 정도 만회할 수는 있다. 강원 어린이회관에서도 건축 설계를 통해 어린이가 접근하기 어려운 입지라는 한계를 극복할 수는 없다. 다만, 당시만 해도 이례적인 '어린이들을 위한 시설은 도대체 어떠해야 하는가?', '어린이들을 위한 시설이 어른들이 이용하는 시설과 무엇이 달라야 하는가?'라는 질문에 대한 답은 낼 수 있어야 했다. 설계를 맡은 김수근도 처음 설계의뢰를 받았을 때 본 프로젝트가 '어린이와 공간'이라는 좋은 주제를 가지고 있다고 생각했다. 김수근은 숨바꼭질하는 것처럼 아늑하게 숨어 있다 나오면 햇빛이 옆으로 비쳐 들어오다가 지붕에서 쏟아져 들어오기도 하고 어느 부분에 오면 탁 트여 구름다리 같은 데에서 호수와 산이 보이는 공간상의 해프닝을 테마로 삼았다. 그는 어린이는 바로 노는 사람이란 개념이고, 그런 어린이의 본질을 보여줄 수 있는 문화적 공간으로서 이 건축물의 개념을 살리고자 했다.[37]

강원 어린이회관 내 공간은 아기자기하다. 1970년대 김수근은 벽돌이라는 재료를 사용해서 한국건축이 주는 여유로움이나 넉넉함을 구현해낼 수 있다고 생각했다. 실제 공간사옥(1971)을 비롯해 양덕성당(1979), 서울 대학로의 샘터사옥(1977), 문예회관 전시장 및 공연장(1979), 해외개발공사 사옥(1979) 등이 그의 생각을 보여준다. 모두 김수근의 대표작으로 꼽히는 건축물이다. 강원 어린이회관도 이런 작업의 연장선상에 있다. 남북 대칭으로 배치된 날개모양의 건물 안에는 성인 머리가 닿을 정도의 높이로 설계된 통로와 잘게 나뉜 공간들이 다양하다. 그리고 이런 자잘한 공간과 요소들이 경사로로 연결돼 있다. 분명, 어른들에게는 작은 크기다. 하지만 어린이들이 공간을 인지한다고 보면 적당한 스케일이다. 마치 어릴 적 넓다고 생각했던 공간을 성인이 되어 찾았을 때 작게 느끼는 이치와 같다.

그렇다면 어린이 입장에서 봤을 때 이곳은 적당한 크기일까? 난 여기에서 아이들이 실제 어떻게 행동하는지 직접 보고 싶었다. 하지만 처음 갔을 때는 평일 낮이었고 두 번째는 금요일 저녁이라 아이들이 없었다. 결국 세 번째로 일요일 낮, 딸아이를 데리고 갔다. 다행히 몇몇 아이들이 그곳에 있었다. 아이들은 내부공간을 연결하는 경사로를 쉴 새 없이 뛰어다녔다. 그리고 낮은 높이의 공간과 그 뒷 공간에서 숨바꼭질을 시작했다. 마치 설계자가 옆에서 시킨 것처럼. 아이들은 어른들처럼 재는 게 없어서 처음 보는 사이지만 금방 친구가 된다. 딸아이도 그곳에서 만난 또래와 즉흥적으로 규칙을 만들어 놀았다. 어떤 놀이가 됐든 강원어린이회관은 다 받아주었다.

아이들의 놀이터가 되어주는 건물 내 경사로

‘어린이회관’에서 ‘상상마당’으로

강원 어린이회관의 처음 용도는 과학전시실, 극장, 자연학습실, 대회의실 등이었다. 한쪽에는 강원도 향토사료관도 있었다. 1992년에는 ‘춘천시 어린이회관’으로 이름을 바꿨다. 운영은 그럭저럭 됐던 것 같다. 하지만 2000년대 들어 관람객이 급격하게 줄었다. 어린이를 위한 여러 시설들과 경쟁하기 어려웠던 측면도 있었을 것이다. 사실 어린이회관이라고는 하지만 구체적인 용도는 애초부터 없었고 무엇보다 건립 목적이 전국소년체전이었으므로 이후 뾰족한 활용방안이 있지도 않았다. 2010년 전후 건물은 거의 방치돼 있었다. 결국 2012년 4월, 춘천시는 시비 45억 원을 투입해 어린이전용공간으로 리모델링하겠다는 계획을 발표했다. 그런데 얼마 후 KT&G가 ‘상상마당 프로그램’을 이곳에 도입하겠다는 제안을 춘천시에 냈다.

상상마당 프로그램은 회사 수익금을 사회에 환원하는 취지로 추진되는 사업이다. 춘천시 입장에서는 반길 만한 제안이었다. KT&G는 춘천에 앞서 홍대 앞과 논산에서 상상마당 프로그램을 성공적으로 운영하고 있었기 때문에 검증도 이미 끝났다. KT&G상상마당 춘천 건립은 그해 5월에 확정됐다. 강원 어린이회관의 건축적 가치가 훼손될 수 있다는 우려는 KT&G가 내부만 개보수하고 외관은 그대로 살리겠다는 춘천시와의 합의로 해결됐다. KT&G는 '호숫가에 예술과 함께 머무는 아트 스테이Art Stay라는 콘셉트하에 문화예술을 즐기기 위해 마련된 각 공간들을 통해 창작자가 상상을 실현할 수 있도록 하고, 향유자는 새로운 아이디어와 다양한 문화예술을 접할 수 있는 환경을 누릴' 수 있도록 강원 어린이회관과 인접한 강원도 체육회관을 함께 매입했다.[38] 1년간의 리모델링 공사를 끝낸 뒤 KT&G상상마당 춘천은 2014년 4월 29일 개관했다. 그리고 개관 후 100일 만에 관람객 수는 7만 명을 돌파했고, 1년 동안 180만 명이 다녀갔다.

의암호로 날아오르는 비행기

김수근은 강원 어린이회관을 설계하면서 주변 환경과의 조화에 가장 중점을 두었다. 이런 설계자의 의도는 아기자기한 내부공간을 나와 크고 작은 크기로 나뉜 외부공간 어디에서든 의암호와 주변 풍경을 감상할 수 있는 특징을 통해 확인할 수 있다. 건물을 중심으로 작은 언덕과 호수가 만나기 때문에 주변 풍경을 바라보고 있으면 한없이 여유로워진다. 건물도 낮게 깔려 있어서 건물 주변 어떤 자리에서 봐도 거슬리지 않는다. 처음 이곳에 갔을 때 건물을 둘러싼 풍경에 매료될 수밖에 없었다. 이후 춘천에 갈 때마다 가능하면 이곳에 들려 계절마다 달라지는 풍경을 느끼고 온다. 건물 한쪽에 있는 카페에서 커피를 마시며 풍경을 감상하는 것도 물론 좋지만 개인

주변 풍경을 거스르지 않도록 설계된 건물

주변 풍경을 바라볼 수 있는 건물 내 크고 작은 공간들

적으로는 2층에 마련된 발코니에서 여유로움을 느끼고 온다.

가족과 함께 갔을 때 딸아이 덕에 풍경과 건물이 이루는 또 다른 모습을 발견할 수 있었다. 앞서가던 딸아이가 야외공연장 가장 높은 곳에 올라 나를 불렀다. "와! 아빠 이거 보세요!" 딸아이와 같은 풍경을 바라본 순간 '아! 설계자는 우리들에게 이 장면을 보여주고 싶었구나'라는 생각이 들었다. 풍경에서 의암호 건너편의 북배산 산세는 건물의 지붕선 위에서 넘실거리고 있었다. 그리고 건물은 의암호와 북배산을 향해 나아가고 있었다. 위성사진을 통해 강원 어린이회관을 보면 호수 옆을 노니는 한 마리 나비 같다. 하지만 이 장면에서 건물은 결국 비행기였다. 어린이들을 위한 공간이 비행기가 되어 의암호를 건너 북배산을 넘어 더 먼 세상으로 날아간다는 이야기가 풍경을 보며 떠올랐다.[39]

강원 어린이회관을 설계한 김수근은 우리나라의 근대건축을 이야기할 때 빼놓을 수 없는 인물이다. 1977년 5월 타임지는 그를 '서울의 로렌초The Swinging Lorenzo of Seoul'라고 소개했다. 하지만 군사권력이 필요로 하는 건물을 너무 잘 설계했다는 그의 과오를 비난하는 의견도 적지 않다. 특히, 박종철 고문치사사건이 발생한 '경찰청 인권센터 남영동 대공분실'은 그의 재능에 존재하는 하이드다. 하이드의 대척점에는 지킬 박사가 있다. 야외공연장 가장 높은 곳에서 바라본 풍경과 강원 어린이회관이 이루는 모습은 김수근의 재능 중 지킬 박사가 만들어낸 작품이다.

KT&G상상마당 춘천(위)과 스테이 호텔(아래)

김수근은 인간이 건물의 주체이고 건물은 인간을 위해 지어져야 한다고 생각했다. 그리고 이 과정에서 자연은 인간에게 소중한 실체로 다가온다고 봤다. 자연은 건축을 포함한 모든 인간의 활동을 담는 그릇이고 이에 따라 자연을 전제로 하지 않는 건축은 결코 인간을 위한 건축이 아니기 때문이다.

건물을 재생하는 이유

건물을 재생하면 건물과 주변 조직이 이루고 있던 기존 관계는 크게 흐트러지지 않는다. 여기서 둘 간의 관계가 상호 보완적이라면 재생을 통해 어긋난 부분만 매만져도 더 큰 효과가 일어난다. 그렇지 않더라도 건물과 주변 조직 간의 관계는 그대로 유지되기 때문에 이용자와 주변 사람들에게 재생된 건물은 이질적으로 느껴지지 않는다.

KT&G상상마당 춘천이 강원 어린이회관이었을 때 건물의 입지는 적당하지 못했다. 어린이들을 위한 시설로 지어졌지만 너무 외진 곳에 있었다. 하지만 땅이 가지고 있는 잠재성만큼은 충분했다. 설계자는 이런 상황을 파악했고 땅이 가지고 있는 잠재성을 극대화할 수 있도록 건축물을 설계했다. 즉, 어린이회관이라는 용도와 대지와의 관계는 적절하지 못했지만 건축물의 설계가 건축물과 대지를 뗄 수 없도록 만든 것이다. 여기에 KT&G가 '예술'과 '상상력'이라는 새로운 콘텐츠를 도입하면서 건물의 용도와 대지와의 관계가 재조정됐다. KT&G는 건물 이용자의 범위를 지역주민과 어린이에서 예술 창작자와 향유자로 확장했다. 그리고 기존에 상호보완적인 관계를 이루고 있던 건축물과 땅의 잠재성을 재조명했다.

강원 어린이회관이 KT&G상상마당 춘천으로 재생되는 과정에서 지금까지 건물의 재생 여부를 결정할 때 가장 큰 이유였던 '시간'과 '준공 연한'은 큰 영향을 미치지 않았다. 물론, 재생 시점에 강원 어린이회관의 준공 연한은 34년이었다. 강원 어린이회관이 재생된 이유는 땅과 건물 디자인이 지닌 잠재성에 있었다. KT&G는 새로운 콘텐츠 도입을 통해 건물을 재생함으로써 땅과 건물 디자인이 지닌 잠재성을 더 크게 만들 수 있다고 판단했다. KT&G상상마당 춘천은 어떤 건물이 여전히 우리에게 가치 있느냐 그렇지 않느냐, 그래서 해당 건물을 재생할 필요가 있는지를 결정하는 이유가 반드시 '시간'에 있지 않다는 것을 보여준다.

대구 제중원과 선교사 사택

건축명 계명대학교 대구동산병원, 블레어 주택, 챔니스 주택, 스윗즈 주택

설계자 미상

주소 대구광역시 중구 달성로 56

백성을 치료하고 근대의식을 싹틔우다

개화기 서양 선교사들의 저택과 의료·교육시설이 집중돼 있었던 청라언덕

의료와 종교

코로나19의 첫 번째 대규모 확산은 대구에서 일어났다. 특정 종교에서 슈퍼전파 사건이 발생했고 이를 수습하기 위해 전국의 의료진들이 속속 대구로 모여들었다. 뉴스를 보며 몇 년 전 대구를 방문했을 때가 생각났다. 우연한 기회에 대구 근처 칠곡군에 머문 적이 있었는데 당시 나는 마치 출근을 하듯 아침에 대구로 내려가 이곳저곳을 둘러본 뒤 퇴근을 하듯 칠곡으로 돌아왔다. 대구로 내려가기 전 대구 토박이 친구의 도움을 받아 답사리스트를 만들었다. 대구에 대한 지식과 애정이 남달랐던 친구는 가장 먼저 대구 청라언덕과 그곳에 있는 세 채의 선교사 주택을 추천했다. 근대건축과 도시에 대한 이야기가 궁금해 망설임 없이 대구 답사 첫째 날 그곳으로 향했다.

청라언덕은 대구광역시 중구 동산동에 있는 낮은 언덕이다. 동산동東山洞은 이름 그대로 동쪽에 있는 산인데, 옛 대구의 중심인 달성토성(現 달성공원)을 기준으로 동쪽에 있기 때문에 그렇게 불렀다. '청라언덕'이라는 명칭은 대구에서 태어난 박태준이 작곡한 〈동무생각〉에 등장하는데, '청라青蘿'는 '푸른 담쟁이덩굴'을 의미한다. 그곳에 '푸른 담쟁이덩굴'이 많았던 것 같다.

대구 읍성을 기준으로 했을 때 청라언덕은 남서쪽에 있다. 당시 읍성의 북문 일대(現 대구역 일대)에 일본인 거주지가 있었고 조선인들은 남쪽과 서쪽에 살았다. 천주교 계산대성당을 비롯해 개화기 서양인들이 지은 종교, 의료, 교육시설들이 대부분 이 일대에 몰려 있는 이유도 그 대상이 조선인들이었기 때문이다.

동산기독병원과 대구제일교회

1882년 조미수호통상조약이 체결되고 미국 내 기독교 각 교파는 본격적으로 조선에 선교사들을 파견하기 시작했다. 대구에서 처음 선교활동을 한 사람은 윌리엄 베어드William Baird다. 베어드는 1891년 1월 부산으로 입국해 그 일대 선교의 기초를 놓은 인물이다. 베어드가 대구에서 설교를 한 뒤 기독교에 대한 관심이 일었고 대구경북 최초의 기독교 교회 남성정교회南城町教會 설립으로 이어졌다. '남쪽 성에 있었던 교회'라는 이름에서 짐작할 수 있듯이 기독교 선교의 거점도 천주교와 마찬가지로 대구 읍성 남쪽에 자리 잡았다. 이후 대구에 기독교 선교의 기틀을 다진 인물은 미국 북장로회 소속의 제임스 아담스James Adams다. 아담스는 베어드의 처남이었다. 그는 우드브리지 존슨Woodbridge Johnson, 헨리 브루엔Henry Bruen과 함께 선교지부를 개설했다. 당시에는 최소 세 명의 선교사가 있어야 독립된 선교지부로 인정받아 별도의 예산 편성권을 지닐 수 있었다고 한다. 셋 중 존슨은 의사였다. 자연스럽게 대구 선교지부는 '의료'를 주요한 선교 수단으로 활용하기 시작했다. 1899년 존슨은 현재 대구제일교회 기독교역사관(옛 제일교회) 자리에 '미국 약방'을 개업했고 이를 바탕으로 본격적인 의료 활동을 하면서 제중원濟衆院을 설립했다.

제중원은 우리나라 최초의 서양식 국립병원이다. 갑신정변 이후 의료선교사 호러스 알렌Horace Allen의 건의를 받아들여 고종이 1885년 설립했다. 처음 명칭은 광혜원이었는데, 2주 만에 제중원으로 바뀌었다. 제중원 건립에 결정적인 역할을 한 알렌도 미국 북장로회 소속이었다. 이후 제중원의 경영권은 미 북장로교 선교부로 이관되었는데, 이 시기에 대구 제중원이 설립된 것이다. '제중'은 『논어』 옹야편에 등장하는 '박시제중博施濟衆'에서 유래한 말로 '널리 베풀어 많은 사람을 구제한다'는 뜻이다. 의료인들은 '인술제중仁術濟衆'이라는 말을 더 좋아하는데, 『가언집』에 등장하는 이 말은 '어진 인술로 모든 사람의 병을 치료하여 구제한다'는 뜻이다.

대구 제중원은 1903년 동산으로 자리를 옮겼다. 그리고 제2대 원장 아치볼드 플레처Archibald Fletcher 박사가 '동산기독병원'으로

대구지하철 3호선 공사로 현관을 떼어낸 현재 모습(위)
청라언덕으로 옮겨놓은 옛 동산의료원의 현관(아래)

이름을 바꿨다. 동산기독병원은 코로나19 집중관리 의료기관 중 가장 많은 의료진과 지원인력이 활약한 계명대학교 대구동산병원의 전신이다. 1980년 계명기독대학과 합병하면서 '계명대학교 의과대학 부속 동산의료원'으로 이름을 바꿨다. 1931년 플레처 원장은 중국인 기술자들을 고용해 신식 건물을 지었다. 종교적 구심점이었던 대구제일교회를 1933년에 신축했다는 점을 감안하면 '종교'적 중심보다 현대화된 의료기관이 더 시급하다고 판단했던 것 같다. 현재 동산상가와 마주 보는 자리에 있는 빨간 벽돌 건물이 플레처 원장이 지은 건물이다. 해방 직전에는 일본 경찰 병원, 한국전쟁 중에는 국립경찰병원으로 사용되기도 했다. 지금과 달리 건물의 주 출입구는 달성로에 면한 서쪽에 있었다.[40] 하지만 대구지하철 3호선 공사를 하면서 달성로가 확장됐고 그 과정에서 주 출입구에 있던 현관만 동산언덕으로 이전됐다. 지금은 외벽공사를 새로 해서 주 출입구의 흔적이 사라졌지만 건물 가운데에는 현관을 지지했던 구조체가 여전히 남아 있다.

남성정교회의 후신인 대구제일교회는 신도들의 헌금과 지방 교회의 성금으로 지어졌다. 옛 제일교회는 인접한 천주교 계산대성당보다 규모가 더 큰데, 이를 통해 당시 제일교회를 후원했던 대구경북지역 신도들의 재정적 영향력을 짐작할 수 있다. 본당이 준공되고 4년 뒤에는 33미터 높이의 종탑도 세웠다. 1981년에 한 차례 증축 공사를 했지만 계속 커지는 교세를 담기에는 역부족이었다. 결국 1994년에 청라언덕 동쪽, 옛 영남신학

서로 바라보며 묘한 긴장감을 이루는 대구제일교회와 계산대성당의 네 첨탑

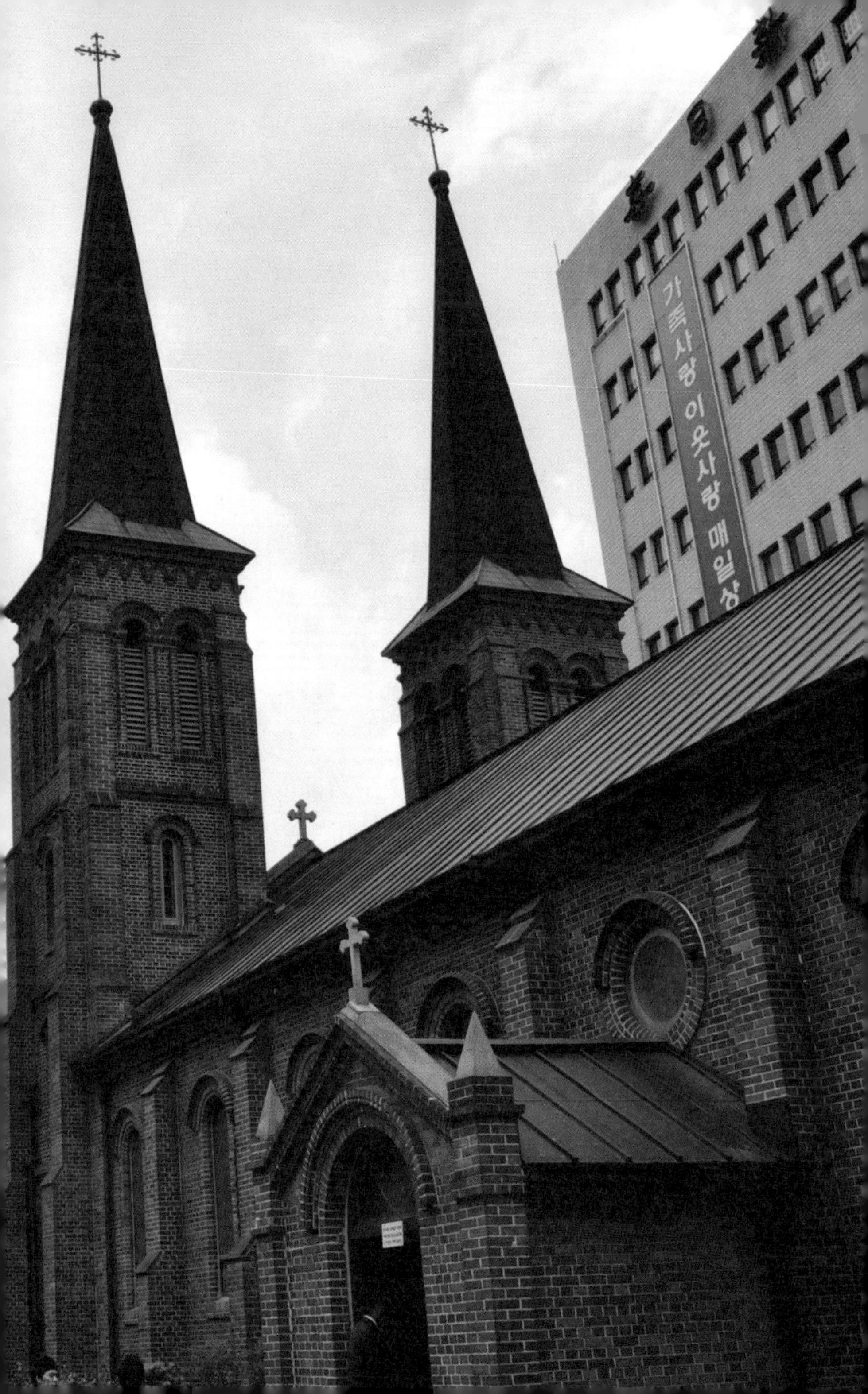
가족사랑 이웃사랑 매일상

교 대지를 매입하여 새로운 건물을 지었다. 새로운 대구제일교회는 언덕 위에서 옛 제일교회를 내려다보고 있다. 의도했는지는 알 수 없으나 새로운 제일교회 정면에는 천주교 계산대성당처럼 쌍 첨탑이 세워져 있다. 그래서 네 개의 첨탑이 서로 마주보는 장면은 청라언덕 일대에 묘한 긴장감을 일으킨다.

언덕 위에 세 집

왜 당시 선교사들은 의료사업의 새로운 자리로 청라언덕을 택했을까? 당시 청라언덕은 가난한 사람들이 장례를 치르지도 못한 시신을 묻었던 곳이었다. 당연히 주변에 거주하던 사람들도 별로 가고 싶어 하지 않는 곳이었다. 그래서 외국인 선교사들이 땅을 구입할 때 큰 반발이 없었던 것 같다. 사실 버려진 시신이 묻혀 있다는 점만 제외하면 청라언덕은 대구 읍성과 선교사들의 활동 거점인 제일교회와 아주 가까운 곳이었다. 더군다나 그들은 대구 읍성이 있는 아랫동네downtown보다 언덕 위 높은 지역uptown을 주거지로 선호했다. '종교'와 '의료'의 거점을 청라언덕에 마련한 선교사들은 이제 자신들이 머물 집을 짓기 시작했다. 현재 이곳에 남아 있는 선교사 주택은 세 채이지만 이 외에도 폴라드Pollard 주택, 맥팔랜드McFarland 주택, 월터 어드만Walter Erdman 주택 등이 더 있었다.[41]

달구벌대로에서 언덕을 오르면 가장 먼저 보이는 건물은 블

'310'이라는 숫자가 적혀 있는 녹색문이 인상적인 블레어 주택

레어Blair 주택이다. 현재 블레어 주택은 교육역사박물관으로 쓰이고 있다. 건물 이름의 주인공인 윌리엄 블레어William Blair는 1901년 입국해 평양에서 주로 활동했다. 그래서 왜 이 건물에 블레어의 이름이 붙었는지는 알 수 없다. 블레어 주택에서 가장 인상적인 부분은 2층 박공 부분에 만들어진 반원형 창이다. 이 창은 2층에 있는 선룸sunroom으로 자연광을 끌어들이는 역할을 한다. 당시 서양인들은 한옥이 채광과 환기에 문제가 있다고 생각했고 이를 해결하기 위해 큰 유리문을 설치하여 선룸을 만들었다.

블레어 주택의 출입구는 사방을 돌아가며 여러 개가 나있다. 그중에서도 북쪽에 있는 녹색문과 그 옆에 적힌 '310'이라는 숫자가 궁금증을 일으켰다. 아마도 310호로 불렸던 방으로 연결되는 별도의 문이었던 것 같다. 실제 블레어 주택을 포함해 다른 선교사 주택에도 여러 개의 출입구가 만들어져 있는데, 이유는 가족단위나 혹은 독신으로 거주하는 선교사들이 한 건물을 나누어 사용했기 때문이다. 때로는 건물이 다 지어진 후 필요에 따라 벽 일부를 허물고 출입구를 내기도 했는데, 당시 선교사 주택이 벽돌 하나하나가 건물의 하중을 나누어 지탱하는 조적구조였기 때문에 가능했다. '310'이라는 숫자가 적혀 있는 녹색문을 바라보며 의료와 교육사업으로 분주하게 이 문을 드나들었을 서양 선교사들의 모습을 떠올려봤다. 아마도 그들은 2층에 있는 선룸이나 주 출입구 옆에 있는 발코니에서 잠시 휴식을 취하며 망향했을 것이다.

블레어 주택 북쪽에는 의료박물관으로 쓰이고 있는 챔니스Chamness 주택이 있다. 이 건물은 챔니스가 아닌 계성학교 2대 교장으로 취임한 레이너R.Reiner 선교사의 사택으로 처음 지어졌다. 레이너와 챔니스 외에도 안동지역 최초의 순교자인 소텔C. Sawtel 선교사도 이 건물에 머물렀다. 'ㅅ' 자 형태의 지붕이 씌워진 붉은 벽돌건물과 평지붕에 흰색 외관의 건물이 그대로 만나는 부분에서 한·양 절충식의 특징을 읽을 수 있다. 당시 서양인들은 자신들이 머물 주택을 지을 때 벽돌이나 기와와 같은 주요 재료는 모두 한국에서 제작하고 창, 문, 마룻바닥 등은 대부분 자신들이 살았던 나라에서 가지고 왔다. 이를 한·양 절충식이라고

'푸른 담쟁이덩굴'이라는 의미의 '청라(靑蘿)'로 덮여 있는 챔니스 주택

부르는데, 건물을 이렇게 지은 이유 중 하나는 현지인들에게 거부감을 주지 않기 위해서였다.[42]

챔니스 주택은 흰색 외관 부분이 선룸이다. 특히, 2층 선룸은 벽체에 나란히 설치된 의자와 수납공간 그리고 마룻바닥이 지금도 남아 있어서 주거공간이었을 때의 모습을 상상해볼 수 있다. 실제 제7대 병원장이었던 하워드 모펫Howard Moffet이 사용했었다고 한다. 선룸의 넓은 창을 통해 창밖 풍경을 바라보며 개화기 시기의 선교사들과 모펫의 시선을 떠올려볼 수 있는 것도 이곳이 박물관이 아닌 집처럼 느껴지기 때문이다.

챔니스 주택 북서쪽에는 선교박물관으로 사용되고 있는 스윗

붉은 벽돌건물에 진녹색 선룸이 삽입된 스윗즈 주택

즈Switzer 주택(문화재명: 스윗즈 주택. 이하 인명 외 문화재명으로 표기)이 있다. 마르타 스위처Martha Switzer는 독신으로 18년간 교육선교에 헌신했던 여성 선교사다. 그녀는 집 앞에 있는 은혜정원에 묻혔다. 스위처 외에도 계성학교 5대 교장이었던 핸더슨Henderson과 계명대학교 초대학장이었던 아치볼드 캠벨Archibald Campbell이 이곳에 머물렀다. 스윗즈 주택은 'ㅅ' 자 형태의 지붕이 씌워진 붉은 벽돌건물에 진녹색의 선룸이 삽입돼 있다. 건물 전체적으로 한식기와가 덮여 있어서 세 주택 중 전통적인 느낌이 가장 강하다. 그리고 스윗즈 주택에서만 대구 읍성이 철거될 때 가져온 안산암을 건물의 기초로 깔았다.

청라언덕의 세 선교사 주택 중 가장 전통적인 느낌의 스윗즈 주택

동산의료원 100주년 기념 종탑

스윗즈 주택 위에는 동산의료원 100주년을 기념하는 종탑이 있다. 병원 입장에서는 무척 의미 있는 기념물이 이곳에 있는 이유는 병원이 '전국 담장허물기'에 첫 번째로 참여했기 때문이다. 그 옆에는 존슨이 미국에서 가지고 온 묘목을 심었다는 사과나무 한 그루가 있다.

근대의식이 시작된 곳, 청라언덕

'의료'와 '교육'은 서양 선교사들이 선교활동을 할 때 활용하는 대표적인 방법이다. 미 북장로회 선교사들은 자신들의 활동에 필요한 시설들을 청라언덕을 중심으로 집중 배치했다. 여기서는 언급하지 않았지만 교육사업의 베이스캠프라 할 수 있는 계성학교(現 계성중학교)는 대구동산병원 서쪽 맞은편에 있다. 서양의 선교사들이 의료와 교육을 통해 조선인들에게 전파한 건 단순히 종교만이 아니었다. 그들을 통해 당시 조선인들은 근대적인 의식을 깨달을 수 있었다. 실제 청라언덕 주변에서 이상화, 현진건, 이쾌대, 이인성 등 시인과 화가들이 활동했고 일제강점기에는 서상돈, 이만집 등이 민족저항운동을 펼치기도 했다. 전 국민이 전개한 주권 수호운동인 국채보상운동이 처음 시작된 곳도 바로 대구다. 정치의 계절만 되면 언론은 대구를 '보수의 심장'이라고 설명하지만 어떤 측면에서 보면 대구는 가장 진보적인 근대의식이 시작된 도시다.

대구의 코로나19 상황이 최악으로 치닫고 있을 때 사람들은 마음을 졸이며 의료진들을 응원했다. 나 역시 그중 한 사람이었고, 특히 대구에 거주하는 대구 토박이 친구가 걱정됐다. 그러던 중 그 친구가 단체 대화방을 통해 너무도 담담히 근황을 알려와 묘한 기분이 들기도 했다. 이 글을 쓰면서 생소한 선교사들의 이름을 의식적으로 더 많이 언급하려고 했다. 대구에서 첫 번째 대규모 확산이 일어났을 때 전국에서 달려왔던 의료진들과 봉사자들의 이름을 모두 적을 수 없기 때문이다. 하지만 100년 전 의술을 펼친 선교사들이 그렇듯 대구로 달려왔던 의료진들과 봉사자들도 시간이 기억해줄 것이라 믿는다.

인천 코스모40

건축명 코스모40

설계자 양수인(삶것건축사사무소)

주소 인천광역시 서구 장고개로231번길 9

사라진 공장과 남아 있는 40번 건물

기존 건물과 신축 건물이 순환하고 있는 코스모40

익숙한 동네의 낯선 풍경

운전면허를 따고 얼마 안 됐을 때다. 조심조심, 두리번두리번 거리며 가좌 인터체인지에서 경인고속도로로 진입하기 위해 우회전을 하려고 할 때 야간 조명이 비추는 공장이 보였다. 매번 버스를 타고 가다 차를 몰고 가니 이동경로가 달라졌고 그 과정에서 어마한 크기의 공장을 그제야 보게 된 것이다. 익숙한 동네에서 본 낯선 풍경이었다. 이후 운전에 익숙해질수록 공장은 자주 보는 풍경이 되었고 그만큼 낯설지 않게 됐다.

아이러니하게도 공장의 존재를 다시 인식하게 된 건 공장이 사라진 후였다. 경인고속도로에서 일반 국도로 바뀐 인천대로로 진입하기 위해 이번에도 우회전을 했다. 그러다 생산 설비가 모두 철거된 빈 땅이 눈에 들어왔다. 공장은 생각보다 빨리 사라졌다. 그리고 빈 땅을 나누는 도로도 생각보다 빨리 생겼다. 그 와중에 남아 있는 건물 하나가 있었다. 그때는 정확한 내용을 몰라 사라진 공장과는 별개의 건물이라고 생각했다. 조금 공식적으로 표현하면 '경인고속도로 일반화사업' 사업구역에서 제외된 건물인 줄 알았다. 그로부터 몇 달 뒤 건축집단 지랩z_lab의 공동대표 중 한 명인 이상묵을 통해 남아 있는 건물에 대한 이야기를 들을 수 있었다. 지랩은 4~5년에 걸쳐 이 일대에 몇 개의 프로젝트를 진행했기 때문에 땅에 대한 역사를 잘 알고 있었다.

이 일대의 터줏대감은 청송 심씨 집안이다. 집안의 가장 오래된 흔적은 관해각觀海閣으로 현판에 따르면 증가선대부 이조참판 심한웅 선생에 의해 1600년대 후반에 건축된 이래 수차례 증축된 집이라고 한다. '바다를 바라보는 집'이라는 건물 이름을 통해 과거 이 일대에 바다가 있었음을 짐작할 수 있다. 청송 심씨 집안은 현재도 이 동네에 여러 사업장을 운영하고 있는데, 대표적인 가게가 동네의 옛 이름을 딴 '신진말'이다. 신진말은 바닷물이 들어오던 바닷가의 새로운 포구라는 의미를 지니고 있다. 지랩은 그중 일부 건축물의 설계와 브랜딩을 맡았다. 그 일환인 '신진말 마스터플랜(2018)'은 주목할 필요가 있다.[43] 지랩과 청송 심씨 집안은 여러 프로젝트를 함께하면서 동네의 급격한 변화를 대비하기 위한 마스터플랜의 필요성을 느꼈다고 한다. 지랩은 '랩 시티Lab City'라는 개념하에 "자생하는 도시를 만들기 위한 생태계, 문화 창출 커뮤니티 조성"을 제안했다.[44]

복원 후 카페로 쓰이고 있는 관해각

청송 심씨 집안이 운영하고 있는 고깃집, 신진말

코스모 화학공장의 유일한 생존자

마스터플랜을 수립하게 된 배경 중 하나인 동네의 급격한 변화는 코스모화학 공장의 이전이었다. 1971년에 준공된 코스모화학 공장은 2016년 울산광역시로 이전했고 그 과정에서 인천공장 부지가 매각됐다. 7만 6000제곱미터 규모로 매각 당시 45동의 건물이 있었다고 한다. 그중 공장에서 사용된 황산을 정제하여 재사용할 수 있도록 하는 플랜트plant가 유일하게 남았다. 연번으로 40번에 해당했던 이 건물은 그래서 '코스모40'이라는 새로운 이름을 얻었다.

화학 공장 내 많은 건물 중 왜 이 건물만 살아남을 수 있었을까? 공장이 이전하고 난 뒤 공장부지는 매각하기 적당한 크기로 분할됐다. 어떤 땅은 크게 잘려 지식산업센터(대지면적 9177제곱미터)가 들어섰지만 대부분은 1000제곱미터 내외의 크기로 나뉘었다. 그중 코스모40은 동쪽 끝에 있었다. 매각을 위한 계획을 수립할 때 비교적 제외하기 쉬운 위치였다. 만약 코스모40이 지금보다 더 안쪽으로 들어와 있었다면 이 건물은 살아남을 수 없었을 것이다. 코스모40을 남기겠다는 계획이 처음부터 있었던 것도 아니었다. 공장 건물이기 때문에 남길 만한 가치가 있다고 생각하지 않았고 무엇보다 공장을 이전하기 위한 비용을 마련하기 위해서는 매각 부지를 최대화해야 했다. 초기 안이기는 하지만 현재 코스모40이 있는 땅을 네 개의 획지로 나누는 계획도 수립됐

코스모화학 공장 부지의 변화
(위부터 2013년, 2017년, 2018년, 출처: 구글어스)

었다.

결과적으로만 보면 코스모40은 산업시설을 재생한 복합문화 공간이다. '뉴트로New-tro'라는 말이 생겨날 정도로 옛 건물을 고쳐 다시 사용하는 것은 새로운 트렌드는 아니다. 그리고 옛 건물의 범주도 지정문화재급을 넘어 구옥舊屋, 기능을 다한 산업시설까지 넓어지고 있다. 새롭지 않다고 해서 의미가 없다거나 그 노력을 평가 절하할 생각은 전혀 없지만, 수가 많아지면서 재생의 전략과 모습이 조금씩 유사해지고 있는 것이 사실이다. 하나 코스모40은 비슷한 뉴트로 사례와는 완벽히 다른 차별성을 지니고 있다. 바로 민간 영역이 주축이 되어 기획·운영되고 있는 '대규모' 시설이라는 점이다.

민간영역이 기획하고 운영하는 코스모40

신진말 대표 심기보는 철거되어 가던 코스모화학 공장 내 시설 중 이 건물을 보며 '폐허미'를 느꼈다고 한다. 그리고 자신의 집안이 오랫동안 살아온 이 동네에 기여할 수 있는 용도로 건물을 재생하기로 결정했다. 심기보 대표와 함께 코스모40 프로젝트를 기획한 인물은 에이블커피그룹Able coffee group의 성훈식 공동대표다. 코스모40의 기획자들이 땅과 건물을 매입할 때 스스로에게 한 질문은 "옛 공장에서 무엇을 보존해야 의미가 있을까?"[45]였다. 그들은 공장을 낯설고 새롭게 보기를 원했는데, 이를 위해 코스모40이 공장에서 사용하는 재료를 정제하던 플랜트였다는 사실에 주목했다. 그리고 이런 옛 기능을 건물을 재생한다는 스토리라인으로 가지고 왔다. 코스모40의 기획자들은 기존 건물의 모습을 유지하면서 새로운 사용자가 될 창작자, 예술가 그리고 상업시설 운영자의 입장을 모두 고려할 수 있는 설계자를 원했다. 최종적으로 코스모40의 리모델링 설계를 맡은 건축가는 건축사무소 '삶것'의 양수인 대표였다.

민간 영역이 주축이 된 재생시설이라는 코스모40의 차별성은 가장 먼저 '건물 자체'에서 드러난다. 기존 건물을 다시 사용하기 위해서는 새로운 기능에 맞는 무언가를 새롭게 더할 필요가 있다. 문제는 현행 법규상 건물을 재생하려면 기둥 같은 주요 구조물을 내화耐火 처리해야 한다. 이 때문에 주요 구조물에 특수 페인트를 덧바르거나 콘크리트로 덮는다. 그런데 이렇게 하면 옛 건물이 지니고 있는 특유의 느낌이 사라진다. 재생의 목적이 재생을 위한 수단으로 인해 가려지게 되는 셈이다. 그래서 건축 허가를 받은 뒤 내화 처리한 부분을 떼어내기도 한다. 코스모40도 새로운 공간을 더하면서 이런 딜레마에 부딪혔다.

코스모40 외관에서 기존 건물과 신축 건물은 명확히 구분된다. 짙은 베이지색 골강판으로 덮여 있는 부분이 기존 건물이고 유리 커튼 월과 회색 골조로 만들어진 부분이 신축 건물이다. 양

기존 건물에 새롭게 삽입된 상업시설

하나 같은 둘이 된 코스모40의 기둥

수인은 신관과 공장의 관계가 극명하게 대비되는 것을 의도하여 서로 다른 세월과 분위기의 중첩이 흥미로운 경험을 창출하도록 했다.[46] 실제 외장재는 다르지만 두 건물은 전체적으로는 인더스트리얼industrial하다. 신축 건물은 위쪽으로 갈수록 뒤로 물러나 있는 형태로 동쪽에 배치돼 있다. 그리고 기존 건물 3층으로 연결되는 긴 계단이 전면부에 설치돼 있다. 언뜻 보면 신축 건물은 기존 건물에 덧붙여진 것처럼 보인다. 하지만 두 건물은 구조적으로 각각 독립돼 있다. 압권은 기존 건물 3층에 삽입된 신축 건물이다. 상업시설로 쓰이고 있는 이 부분은 마치 고리처럼 기존 건물로 들어갔다가 빠져나오는 형태를 취하고 있다. 법규를 준수하면서 이런 형태를 만들어내기 위해 건축가는 기존 건물 기둥에 약간의 간격을 두고 철골 구조물을 감싸서 신축 건물의 기둥을 만들었다. 설계자가 이야기하는 '하나 같은 둘'이다.

신축 건물은 기존 건물을 넘나들며 순환 동선을 이룬다. 바깥에 설치된 계단을 통해 3층 코스모 라운지로 오른 뒤 두 개의 홀을 거쳐 다시 1층으로 내려올 수도 있고 코스모 라운지에서 신축 건물로 바로 이동할 수도 있으며, 그 중간에 테라스로 나갈 수도 있다. 이러한 선택 과정에서 느껴지는 분위기는 기존 건물과 신축 건물이 각각 다르다. 신축 건물이 산업시대의 모던함과 산업화로 누리게 된 삶의 윤택함을 떠오르게 한다면, 기존 건물은 새로운 산업혁명에 자리를 내준 기계시대의 퇴조와 산업화의 처연함으로 다가온다. 그리고 그 중간에 거칠게 조경된 행잉가든hanging garden이 두 분위기를 중화시킨다. 외부로 열린 행잉가든에 앉아 바깥을 바라보면 코스모40의 주변 풍경이 여전히 무미건조한 공장지역이라는 것이 오히려 다행이라는 생각마저 든다.

민간영역이 주축이 된 재생시설이라는 코스모40의 차별성이 드러나는 또 다른 지점은 '운영'이다. 공공기관이 문화 및 전시시설을 운영할 경우 전시 프로그램은 지나치게 착해지는 경향이 있지만 코스모40의 전시는 그렇지 않다. 문제는 재생의 관점을 떠나 문화 및 예술만으로 전시시설을 운영하는 데는 한계가 있다는 것이다.

이런 측면에서 코스모40의 기획이 커피산업과 관련돼 있다는 점은 다행이다. 역사적으로 커피는 단순한 기호 식품을 넘어 무엇과 무엇을 연결하는 매개체였기 때문이다. 17세기 유럽에 상륙한 커피는 커피하우스를 통해 대중에게 퍼졌는데, 수천 개로 늘어난 커피하우스는 학술 토론뿐만 아니라 사회 혁명이 태동하는 주요한 장소였다. 그래서 영국 왕 찰스2세는 커피하우스의 수를 제한하는 칙령을 공포하기도 했다. 코스모40에서도 커피는 사람과 사람, 사람과 다양한 콘텐츠를 연결하는 역할을 한다. 여기에 커피산업이 지니고 있는 환대Hospitality라는 이미지를 통해 무미건조한 동네에 위치한 코스모40으로 사람들을 끌어모으고 있다.

인더스트리얼한 느낌으로 병존하고 있는 기존 건물과 신축 건물

기존 건물과 신축 건물 사이에 위치한 행잉가든

경계 없는 영감의 공간, 코스모40

코스모40의 지향점은 '경계 없는 영감의 공간Unbounded Inspiring Space'이다. 경계를 없애기 위해서는 가장 먼저 기존 건물과 신축 건물 사이의 물리적인 장애물을 없애야 한다. 동시에 코스모40에서 일어나는 행위가 고정되어서는 안 된다. 실제 코스모40의 기획자들은 "가장 기초의 물리적인 제약을 없앤다면 어떠한 자유로운 시도들이 나올 수 있을까"[47]에서부터 탐색을 시작했다. 코스모40의 기본적인 기능은 전시 및 문화시설이다. 하지만 코스모 라운지에 있는 커피, 베이커리, 피자, 맥주 가게들은 그 자체로 너무 매력적이다. 그 각각을 문화 및 전시시설에서 소비할 수 있다는 것은 생경한 경험이다. 개인적으로도 처음에는 전시를 보기 위해 코스모40에 갔지만 이후에는 상업시설이 방문의 목적이 되고 있다.

물리적인 공간뿐만 아니라 프로그램 측면에서도 경계가 사라지기 위해서는 코스모40이 사용자 지향적인 공간이 되어야 한다. 어떤 장소와 잘 어울릴 것 같지 않지만 그럼에도 어떤 행위를 기꺼이 해도 되겠다는 마음이 누군가에게 생겨야 비로소 경계가 없어질 수 있기 때문이다. 코스모40에서 일어나는 공간의 활용을 보면 지역 메이커들이 참여하는 벼룩시장, 스케이트 보드장, 심지어 클럽까지 다양하다. 기존 건물의 공간이 넓은 이유도 있겠지만 운영의 주체가 기민하고 유연한 민간이라는 이유가 더

과거 공장 내부에 들어선 카페와 식당들

코스모40과 새롭게 조성된 주변 공장들

크다. 코스모40의 기획자들은 프로그램 측면에서 경계를 없앨 수 있는 이유로 오래된 건물이 지니고 있는 '특유의 고유성'을 꼽았다.[48] 코스모40이 비록 공장 건물 중 하나였지만 시간이 누적되면서 자연스럽게 생기는 고유한 가치는 다른 오래된 건물들처럼 지니고 있었기 때문이다.

물론 코스모40은 아직 주변과 어울리지 않는다. 빠르게 들어선 주변의 새로운 공장들 그리고 종사자들과의 관계도 이루어지고 있지 않다. 하지만 이는 서울 성수동이나 문래동처럼 공업지역에 들어서 있는 문화시설이나 핫플레이스들 역시 마찬가지다. 아직은 노동의 공간과 유희의 공간이 가까워지기 힘든 시대다. 그렇지만 난 오히려 이런 어색한 간격이 동네의 특색을 만든다고 생각한다. 중요한 건 어울리지 않는 시설과 공간들이 하나의 장소에 병존하는 상황이 유지되는 것이다. 억지스럽게 공존하라는 강요보다 편안하게 병존할 수 있는 장소라는 생각과 이를 통해 다양한 활용이 가능하다는 긍정적인 공간감이 도시가 다양성을 갖추는 데 더 필요하기 때문이다.

3F

4F

서울시립 북서울미술관

건축명 서울시립 북서울미술관

설계자 삼우종합건축사사무소

주소 서울특별시 노원구 동일로 1238

문화를 품은 동네 언덕

언덕 위에 올려진 미술관

뒷동산과 신도시 공원

어릴 적 나의 놀이터는 집 주변 나대지였다. 인근 공사장에서 쌓아놓은 건자재 더미가 주요한 놀잇감이었는데 다루기에 한계가 있어서 그곳에서 할 수 있는 놀이는 거기서 거기였다. 그러다 외갓집에 가면 노는 재미가 달라졌다. 그 동네 아이들이 조금 더 잘 놀았던 것도 있지만 무엇보다 외가에는 뒷동산이 있었다. 뒷동산은 아이들이 놀이를 위해 상상력을 무한히 펼칠 수 있는 장소였다. 아이들과 어울리기 위해서가 아니더라도 밤이나 감 등을 따기 위해 그리고 사춘기 이후에는 산책하고 싶을 때 뒷동산을 찾았다. 신도시가 되면서 외가의 뒷동산은 사라졌고 그 자리에는 아파트 단지와 작은 공원이 들어섰다.

도시에서 기존 자연환경을 대체하기 위해 조성하는 것은 공원이다. 특히, 신도시를 계획할 때 생활권공원으로 구분되는 근린공원, 어린이공원, 소공원은 예상되는 이용자 수와 유치 거리를 고려해 적정하게 배분된다. 그런데 공원은 기존 자연환경에 비해 안전하기는 하지만 다양한 행위를 담아내기에는 한계가 있다. 이유는 식생뿐만 아니라 동선, 지형 등이 누군가의 의도에 따라 계획되었기 때문이다. 그래서 몇몇 도시계획가들은 행위적, 생태적 다양성을 확보하기 위해 기존 자연환경을 공원으로 남기려는 노력을 하기도 한다.

서울 노원구에 있는 등나무 근린공원과 중계 근린공원도 신도시의 밋밋한 공원들과 별반 다르지 않다. 상계지구 택지개발에 따라 조성된 두 공원은 아파트 단지로 둘러싸여 있다. 두 공원 가운데로 동일로가 지나가고 공원 양쪽으로는 상업용지, 가장자리를 따라서는 주차장과 노원구민의 전당, 노원 천문우주과학관과 같은 교양시설이 배치돼 있다. 그래서 공원이라기보다는 시설로 둘러싸인 중정 같다. 공원 가장자리에 배치되어 있는 교양시설의 출입구는 공원 반대편으로 나 있어서 건물은 공원을 등지고 있다. 그렇다 보니 시설의 빈 벽이 공원을 마주하고 있고 그 사이에 나무가 심어져 있을 뿐이다. 이런 상황에서 2008년 또 다른 교양시설인 서울시립미술관 제3분관(이하 북서울미술관)이 등나무 근린공원 북쪽에 들어서기로 결정됐다.

공원과 미술관, 자연과 예술이 이어지는 '이음미술관'

북서울미술관의 설계자로 선정된 삼우설계는 공원의 자연과 예술이 이어지는 '이음미술관EMUSEUM'을 제안했다.[49] 설계자는 이 지역이 고려시대부터 역마들이 뛰놀던 '갈대들판(노원蘆原)'이었다는 역사와 신도시 개발로 들어선 아파트 숲에 가려져 볼 수 없는 주변 수락산과 불암산의 자연경관을 고려했다. 무엇보다 미술관이 들어서면서 줄어드는 공원 면적을 최소화할 수 있는 디자인을 고안했다. 최종적으로 북서울미술관은 작은 언덕 위에 올려진 상자와 같은 형태로 결정됐다.

건물의 형태뿐만 아니라 다양한 동선이 미술관으로 유입될 수 있도록 건물 곳곳에 여섯 개의 출입구가 설치됐다. 그래서 어린이와 함께 온 부모는 공원에서 지하 1층으로 바로 가면 되고 아트도서실을 찾은 누군가는 언덕을 올라 2층으로 바로 들어갈 수 있다. 미술관이지만 작품을 보러 오지 않은 사람들에게도 북서울미술관은 열려 있다. 미술관 주 출입구와 먼 자리에 있는 카페 세마SeMa는 중계 근린공원 교차로에 면해 있어서 오며 가며 들르기 편하다. 실현되지는 않았지만 전망이 가장 좋은 3층에는 레스토랑도 계획됐었다. 건물 내부를 이용하지 않고 언덕을 오르내리며 공원과 그 주변을 산책만 할 수도 있다. 미술관 안에서도 시민들은 다양한 조합으로 미술관을 즐기다 원하는 방향으로 나갈

도시의 흐름이 흩어지고 모이는 동네의 언덕

수 있다. 북서울미술관은 관람객의 동선을 통제하기 위해 한두 개의 출입구만을 두는 일반적인 미술관과 달리 도시의 흐름이 흩어지고 모이는 동네의 언덕이다.

공원 주변에서 바라본 미술관의 모습도 마치 원래부터 그 자리에 있었던 언덕 같다. 주 출입구가 있는 공원에서 바라본 모습만 조금 다른데, 미술관 건물이 언덕을 비집고 올라온 듯하다. 실제 설계자들이 지향했던 미술관의 이미지도 언덕 위의 하얀 집, '카사 비앙카Casa Bianca'였다고 한다.[50] 카사 비앙카 이미지에는 불규칙한 자연과 규칙적인 건축물, 자연의 질서와 도시의 질서 그리고 자연을 바탕으로 한 인간의 구축 의지 등이 담겨 있다.

땅과 건축물의 경계를 흐리는 랜드스케이프 건축

북서울미술관을 형태적으로만 보면 건축물이 앉혀진 땅과 건축물의 경계가 불분명한 랜드스케이프 건축Landscape architecture이다. 땅land과 형상shape을 뜻하는 단어가 합쳐진 랜드스케이프는 조경, 경관, 풍경으로 번역되는데, 모두 정확한 의미를 전달하지는 못한다. 랜드스케이프 개념은 17세기 프랑스 바로크 양식의 정원과 18세기 후반 영국 픽처레스크picturesque 사조가 유행하고 자연과 건축의 조화를 추구하기 위한 땅의 형상을 만들면서 발전됐다.

반면, 프랑스 철학자 질 들뢰즈Gilles Deleuze의 '주름Le Pli' 개념을 바탕으로 하는 랜드스케이프 건축은 조금 다른 의미를 지니고 있다. 주름은 이질적으로 보이는 부분 부분들이 전체적으로 연결되어 동질성을 갖는 '접힘'의 상황을 가정한다. 대표적인 사례로 전체 구조와 비슷한 형태의 작은 구조가 끊임없이 반복되는 '프랙탈fractal'을 들 수 있다. 주름 개념이 등장하게 된 배경에는 지나치게 획일적인 맥락만을 주장하는 맥락주의와 이질적인 파편의 불연속만을 주장하는 해체주의에 대한 반성이 있다.

구체적으로 랜드스케이프 건축은 전경figure – 배경ground, 외부 – 내부, 건물 – 땅, 기둥 – 바닥 등과 같이 건축에서 전통적으로 사용되어 온 이분법적 구분을 거부한다. 그리고 들뢰즈의 주름과 같이 연속된 것을 통해 각각을 통합하고자 한다. 아산 충무공기념관과 양구 박수근미술관이 대표적인 랜드스케이프 건축이다. 흥미로운 점은 이러한 이론들을 건축적으로 가장 적합하게 구현한 건축가가 OMA를 이끄는 렘 콜하스Rem Koolhaas인데, 그의 고향 네덜란드는 지형이 전혀 없는, 심지어 해수면보다 땅이 낮아 치열한 인간의 노력이 있어야 하는 국가라는 것이다.

랜드스케이프 건축이 우리나라에 유행하게 된 시기는 2000년대 초중반이다. 네덜란드와 달리 우리나라는 지형이 복잡하기 때문에 건축을 통한 새로운 지형의 창조보다 기존 지형의 순응이나 땅의 형국을 추상화하는 작업이 더 중요하다는 주장이 대두된 시기도 이때다. 한편에서는 랜드스케이프를 '풍경'으로 해

땅과 건축물의 경계가 불분명한 랜드스케이프 건축

석하여 건축을 통해 땅이 지닌 기억과 흔적을 드러내려는 시도도 있었다.

랜드스케이프 건축 개념을 기반으로 지어진 건축물에는 주변 땅에서 건물 곳곳으로 연결되는 몇 개의 출입구나 건물 위로 이어지는 경사로, 계단이 공통적으로 등장한다. 문제는 건물이 준공된 이후 곳곳에 출입통제와 접근금지 펜스가 설치된다는 점이다. 출입구가 많으면 이용자들의 동선을 통제하기 어려워 건물 관리가 힘들고 사람들이 건물 위로 올라가면 안전사고가 발생할 수 있기 때문이다. 하지만 이로 인해 처음 건물이 의도한 내외부의 동선이 자연스럽게 연결되는 상황은 일어나지 않는다.

북서울미술관도 여섯 개의 출입구를 운영하다 코로나19 상황이 발생하자 방문자 상태를 확인하기 위해 1층 주 출입구 외 나머지 출입구는 폐쇄했다. 다만 미술관 언덕으로 오르내리는 계단은 통제하지 않았다.

선택 가능한 전시공간

공원에서 사선으로 삽입된 길을 따라 미술관 내부로 들어서면 반대편에 있는 창으로 하늘이 보이고 자연광이 쏟아져 들어온다. 주 출입구가 설치된 입면도 유리로 되어 있어서 자연광은 미술관 로비와 그 아래에 있는 어린이갤러리 그리고 2층에 있는 아트도서실 앞 작은 로비까지 환하

자연광으로 가득한 건물의 로비

로비를 가운데 두고 배치된
어린이갤러리와 2층 로비

게 밝힌다. 반대로 로비에서 공원을 바라보면 시선이 통과되어 하나의 공간처럼 느껴진다.

미술관 내부의 구성도 복도를 가운데 두고 양쪽으로 전시실을 배치하는 갤러리 형태가 아니라 보이드 공간을 가운데 두고 그 주변으로 전시실이 배치돼 있다. 그래서 동선의 방향은 일반적인 미술관에서 취하는 일방향이 아니라 관람객들이 자신의 선택에 따라 여러 가지의 관람순서를 조합할 수 있는 다방향이다. 심지어 동쪽에 배치된 전시실 1과 2는 로비로 나가지 않고 내부에 설치된 계단을 통해 위아래로 이동할 수 있다. 전시실과 프로젝트 갤러리 간의 연결도 미술관에서는 흔히 볼 수 없는 브릿지bridge를 통해 이루어진다. 이로 인해 미술관 주변 풍경을 전시실을 이동하는 중간에 바라볼 수 있는데, 설계자는 이를 통해 미술관 피로가 줄어들 수 있다고 생각했다.

도시에 다양함을 주는 문화의 언덕

도시계획은 기능 간의 구분을 명확히 하고 계산된 수요를 가능한 넘지 않도록 기반시설을 배분하는 일이다. 도시계획이 만들고자 하는 건 예측 가능한 환경이다. 그래서 계획된 도시는 어딘가 모르게 단조롭고 지루하다. 건물의 모서리를 돌면 보이는 풍경도 비슷하고 사람들도 그럴

시각적으로 공원과 연결된 미술관

것이라 예측되는 행동을 한다. 도시와 함께 조성된 공원에서도 상황은 비슷하다. 종종 역사문화공원이나 조각공원과 같은 차별화를 위한 테마를 부여하기도 하지만 비슷한 디자인의 조형물과 스트리트퍼니처street furniture에서 다름을 느끼기에는 한계가 있다

북서울미술관이 들어서기 전 등나무 근린공원에서 일어날 수 있는 시민들의 행동은 공원을 한 바퀴 도는 산책과 두 근린공원을 가로지르는 이동 정도였다. 계획가가 공원에서 일어날 것이라 상상했던 행위가 그 정도였기 때문이다. 공원 가장자리에 지어진 교양시설도 공원 옆에 있을 뿐 공원을 향한 적극적인 제스처를 취하고 있지 않기 때문에 공원 내 어떤 행위도 더하지 못한다. 오히려 교양시설로 인해 공원의 면적만 줄었다.

이러한 상황에서 북서울미술관은 전시실을 비롯한 문화체험시설과 여러 방향으로의 이동을 통한 다양한 경험을 시민들에게 제공한다. 이를 가능케 하는 건 미술관과 공원 간의 흐릿한 경계와 시민들의 다양한 선택 가능성이다. 북서울미술관은 문화를 품은 인공의 언덕이지만 단조로움과 지루함을 흔드는 불규칙함과 예측 불가능함을 도시에 부여한다는 점에서 자연의 언덕이기도 하다.

양구 박수근미술관과 공원

건축명	박수근미술관
설계자	이종호, 우의정(스튜디오 메타)
주소	강원도 양구군 양구읍 박수근로 265-15

인간의 선함과 진실함을 그리다

자연의 구릉이 끝나고 인공의 구릉이 시작되는 안마당을 끼고 있는 박수근미술관

그의 그림은 고대적이다

박수근 화백의 그림은 고대적古代的이다. 그의 그림 전반에서 보이는 거친 재질감은 마치 오랜 시간이 남긴 풍화작용의 흔적을 보는 듯하다. 사람들은 그 재질감을 '마티에르Matiere'라 부른다. 영어로 하면 뜻 그대로 'Material'이다. 마티에르는 캔버스, 메이소나이트masonite, 하드보드, 종이, 목판 위에 그림을 그리기 전에 바른 석고 가루의 젯소gesso때문에 생기는 효과다. 박수근은 젯소 층 위에 나이프를 이용해 물감층을 두텁게 쌓은 뒤 붓으로 정리하며 질감을 만들어냈다. 그 과정은 박수근 자신이 원하는 새로운 바탕을 만드는 작업이었다. 새로운 바탕은 그만의 세계다. 그 세계 위에 박수근은 형태, 그리고 색을 입혔다.

박수근 그림 속 사람들은 최소한 현대적이지는 않다. 그는 근대시대를 살았다(1914. 2. 21.~1965. 5. 6.). 그래서 그림 속 등장인물들은 근대적이어야 맞지만 우리 역사에서 근대나 근세나 중세는 겉으로 봤을 때 큰 차이가 없다. '절구질하는 여인(1954)'과 '빨래터(1954)' 그림 속의 아낙들 그리고 '시장(1950)' 그림 속 두루마기를 입은 남자에게서 근대를 읽기란 쉽지 않다. 오히려 그의 그림을 보며 정겹고 다정하다고 느끼는 건 그의 그림이 보여주는 풍경이 여전히 우리와 멀지 않기 때문인 것 같다.

박수근은 양구에서 태어났다. 양구군의 북쪽 경계는 휴전선이다. 여전히 심리적으로는 먼 곳이다. '박수근 화백 기념사업 기본계획'은 1997년에 수립됐다. 그리고 2000년 11월부터 3개월간 '양구군립 박수근미술관' 기본설계 공모가 열렸다. 당선자는 이종호 건축가(스튜디오 메타). 기공식은 2001년 10월에 열렸고 이듬해 10월에 개관했다. 박수근미술관이 지어진 자리는 그의 생가가 있던 곳이다. 박수근이 4세 때 이곳으로 이사왔다는 의견이 있지만 확인할 길은 없다. 오히려 양구군은 2004년 4월 포천시 동신교회 묘지에 있던 박수근과 그의 아내 김복순의 묘를 미술관 뒤쪽 언덕으로 옮겼다.

미술관, 기존 구릉을 연장하다

박수근의 생가 자리에는 서쪽에서 동쪽으로 흘러 내려오는 구릉이 있다. 그 구릉의 시작은 양구군 서쪽에 우뚝 서 있는 사명산이다. 물을 만나는 자리에서 산은 땅으로 침잠한다. 박수근 생가 자리에 길게 늘어진 구릉은 서

자연의 구릉을 연장해 건물 지붕으로 연결한 미술관

천을 넘지 못하는 사명산의 마지막 호흡이다. 박수근미술관 자리는 그 구릉 끝이다. 이종호는 이상하리만치 기다란 구릉의 끝이 논에 의해 침식되어 있는 지형에 주목했다. 그는 논은 제2의 자연이라기보다는 자연과 맞서 온 강한 인공이기 때문에 지형에 적응하는 밭과 달리 지형을 잠식한다고 봤다. 박수근미술관도 논과 같은 인공물이다. 그래서 설계자는 미술관을 통해 구릉의 끝을 매만지겠다는 생각으로 그 흐름을 동쪽으로 조금 더 연장했다. 구릉의 끝이 농업의 흔적으로 패여서 훼손되어 있었기 때문에 박수근미술관은 기존 구릉의 연장이기 이전에 농업의 흔적을 메우고 언덕의 흐름을 완성시키는 일이었다. 미술관에 필요한 기능들은 새롭게 만들어진 미술관 구릉 안으로 넣었다.

박수근미술관이 앉혀진 자리는 화강암 지대다. 그래서 화강암이 풍화돼 생긴 마사토가 많다. 이를 두고 누군가는 박수근이 어릴 적 마사토에 그림을 그리며 놀던 경험이 그의 마티에르를 만들었다고 설명한다. 하지만 이 설명은 너무 인과에 치우쳐 있다. 한 예술가의 작품세계와 철학은 그렇게 간단하게 성립되지 않는다. 이 인과관계 속에서 박수근이 신라문화에 유난히 관심이 많아 경주를 자주 찾았고 당시 국립박물관 경주분관장이었던 홍사준과 친분을 쌓았으며, 무엇보다 경주 남산의 자연과 함께 화강암 속 마애불과 석탑에 큰 감동을 받았다는 사실은 끼어들 여지가 없다. 또한, 이보다 앞서 박수근이 12세가 되던 1926년 깊은 감동을 받아 화가의 길을 걷게 되는데 결정적인 계기가 된 프랑스 화가 밀레의 '만종'과 그의 마티에르를 연결할 수 있는 상상의 고리도 끊어진다.

박수근미술관에서 방문자가 처음 마주하는 장면은 화강석 무더기다. 그 무더기 뒤로 사명산의 능선이 펼쳐진다. 하지만 그럼에도 이 화강석 무더기가 사명산의 마지막 호흡이 연장된 인공의 구릉이라는 생각은 떠오르지 않는다. 이 생각은 방문자를 처음 맞이하는 돌무더기를 끼고 뒤로 돌아 안마당까지 왔을 때야 비로소 희미하게 떠오른다. 돌무더기를 이루는 화강석이 30센티미터 크기로 부수어져 있고 그 재질감이 박수근의 마티에르로 너무 강하게 연결되기 때문이다.

박수근미술관에서 관람객이 가장 먼저 마주하는 화강석 무더기

자연의 구릉과 인공의 구릉

미술관의 평면은 쉼표 모양이다. 화강석 무더기를 끼고 반시계 방향으로 돌면 자연의 구릉이 끝나고 인공의 구릉이 시작되는 안마당이 나온다. 자연의 구릉이 끝나는 지점에 박수근 동상이 동네 아저씨처럼 앉아 있다. 그 뒤에 박수근과 아내의 무덤이 있다. 박수근 동상 옆에는 코르텐corten(내후성 강판)으로 만들어진 다리가 놓여 있다. 다리 아래로는 개울이 흐르는데, 솔직히 난 이 개울이 조금 아쉽다. 개울은 자연의 구릉과 인공의 구릉을 나누고 있고 그 개울을 넘기 위해 놓인 다리가 다른 세계로 넘어가는 통로처럼 느껴지기 때문이

다. 그래서 동네 아저씨처럼 앉아 있는 박수근의 동상이 멀어 보였다.

미술관은 안마당을 통해 진입한다. 기념전시실과 기획전시실은 쉼표 모양의 건물을 따라 가지런하게 배치돼 있다. 미술관은 그 자체로 개울을 넘는 다리다. 주 출입구에서 멀어 보였던 박수근 동상은 미술관 관람이 끝난 뒤 건물을 나온 관람자 앞에 나타난다. 물론 설계자가 계획했던 그 출구는 미술관 관리상의 이유로 닫혀 있다. 어찌 됐든 출구를 나와 마주하는 박수근 동상은 정면을 응시하고 있는 옆모습이다. 어딘가를 바라보는 무언가의 옆모습을 보는 일은 왠지 가엾다.

설계자의 의도대로 미술관 부 출입구를 통해 안마당으로 나왔다면 관람자에게 주어지는 선택지는 두 가지다. 자연의 구릉을 올라 박수근 묘로 가든지 아니면 인공의 구릉에 올라 미술관 주변 풍경을 둘러보는 것이다. 설계자가 미술관 언덕에서 관람자가 바라보길 희망한 풍경은 양구군 시내의 전경이 아니다. 설계자는 양구군을 둘러싼 자연의 풍경을 관람자들에게 보여주고 싶었다. 그것은 박수근이 21세(1935)에 춘천으로 떠나기 전까지 바라봤던 경관이다. 미술관 주변의 경치는 박수근과 우리를 이어주는 일종의 타임머신이다. 상상력이 있다면 그 타임머신은 누구나 이용할 수 있다. 생가라는 자리만이 가질 수 있는 이점이다.

박수근과 아내의 묘가 있는 언덕 앞에 앉아 있는 박수근의 동상

풍경의 대체 vs. 풍경의 보완

박수근미술관의 수장 목록은 개관 2년도 안 돼 꽤 늘어서 양구군은 2005년 11월 '박수근 마을 현대미술관'을 건립했다. 건립부지는 이상하리만치 기다란 구릉의 남쪽 끝부분이다. 그래서 현대미술관 건립부지에서는 부지로 흘러 내려오는 논 자락과 미술관에서 시작해 서쪽 사명산으로 올라가는 산줄기가 보인다. 현대미술관 설계도 이종호가 맡았다. 그는 현대미술관에서 바라볼 수 있는 풍경을 미술관 언덕에서 보이는 풍경과 함께 청년 박수근이 매일 거닐고 보았을 풍경이며 그의 작업을 잉태시킨 핵심적인 풍경으로 간주했다. 그리고 이를 가능한 드러내기 위해 현대미술관을 부지 경계 남쪽으로 최대한 밀었다. 그 결과 두 미술관 사이에는 외부공간이 생겼고 그곳에서 관람자는 주변 풍경을 감상할 수 있다. 또한, 기존 대지가 층층이 내려오는 논 자락이라는 점을 고려해 현대미술관 건물을 잘게 나누고 각 건물의 지층 높이를 층지도록 했다. 당연히 각 건물을 연결하는 동선도 이상하리만치 긴 구릉처럼 계단을 통해 서쪽으로 올라간다. 이종호와 함께 설계를 진행한 건축가 우의정은 미술관 주변의 논은 박수근 마을의 일부이며 미술관의 수장품이라고 생각했다.[51]

아쉽게도 현재 미술관 주변에서 박수근이 바라봤을 논 자락을 바라볼 수는 없다. 2012년 '박수근 화백 예술인촌 산림공원' 조성 사업이 진행됐기 때문이다. 공원 계획을 발표할 당시 양구군은 박수근 작품의 소재가 된 농촌 경관, 자연, 소시민들의 삶, 좌판, 개울 등을 조성하고 인위성을 배제해 최대한 자연적인 느낌이 나도록 유지할 것이라고 했다.[52] 하지만 인공의 행위를 아무리 자연스럽게 한다고 해도 원래의 자연이 될 수는 없다. 방안을 찾고자 했다면 박수근미술관처럼 자연을 닮은 인공이 아닌 자연을 보완하는 인공이어야 했다. 산림공원 준공 이후, 양구 방짜식기전시관(2017), 어린이미술관(2020), 퍼블릭 전시관(2021)이 연달아 조성됐다. 이를 통해 박수근미술관 주변은 양구군의 문화 복합단지가 됐다. 그러나 그만큼 박수근이 바라봤을 풍경과 현재의 풍경은 멀어졌다. 현재 미술관 주변 풍경을 통해 관람객들이 박수근과 이어지기 위해서는 더 많은 상상력을 발휘해야 한다.[53]

박수근과 그의 미술관 설계자가 함께 바라본 풍경

박수근 탄생 100주년이 되던 2014년 12월에는 현대미술관 서쪽, 골짜기가 시작되는 상부에 박수근 파빌리온이 개관했다. 양구군의 처음 요청은 존재하지도 않는 그의 생가를 건립해달라는 것이었다고 하는데, 설계자가 참 난감했을 것 같다. 박수근 파빌리온이 완공된 그해 설계자 이종호는 생을 마감했다. 그러니 박수근 파빌리온은 그의 유작인 셈이다. 12년이라는 시간 동안 건축가 이종호는 박수근과 관련

박수근과 현재의 우리를 이어주고 있는 미술관 주변 풍경

된 세 개의 시설을 마치 연작처럼 설계했다.

생각해보면 박수근공원과 미술관 주변의 풍경은 박수근 작품의 모티브가 되기도 했지만 박수근과 관련된 세 시설을 설계한 이종호에게도 모티브가 됐다. 나와 그의 인연은 내가 운영하는 블로그에 남긴 그의 댓글이 유일하다. 박수근미술관을 방문하기 전해인 2011년, 그는 자신이 설계한 안양시 독립개신강변교회(2006)에 대해 쓴 내 글에 댓글을 달았다. 그의 닉네임은 '화쟁'이었다. 다툼을 화해시킨다는 의미다. 이메일 주소와 함께 남긴 그의 댓글에는 '아직 젊고'라는 문구가 포함돼 있었다. 언제 직접 만나자는 그와의 약속은 지켜지지 못했다.

박수근미술관에서 내가 봤던 이상하리만치 기다란 구릉을 박수근과 이종호도 보았을 것이다. 그리고 이종호는 그가 만든 인공의 구릉에서 사람들이 주변 풍광을 보며 박수근의 삶을 상상하기를 기대했다. 설계자의 상상과 예상 속에서 벗어날 수 없다는 것에 갑자기 고맙다는 생각이 들었다.

박수근만의 세상, 마티에르

글을 마무리할 즘 불현듯 그런 생각이 들었다. '왜 박수근은 마티에르를 선택했을까?' 관련 문서를 찾아보니 누군가가 평소 박수근이 관심을 갖던 불상과 조각 등 석조유물과의 관계를 언급해놓았다. 또 어떤 이는 궁핍한

기존 대지의 형태를 고려하여 건물을 잘게 나누고 층이 지도록 배치한 현대미술관

시절에 질이 좋지 않은 종이에 그림을 그리면서 거친 질감을 접하다 그것을 표현으로 승화시켰을 것으로 추측했다. 박수근이 직접 이유를 밝힌 적은 없으니 모두 가정이다. 난 박수근미술관 홈페이지에 인용된 "나는 인간의 선함과 진실함을 그려야 한다는 예술에 대한 대단히 평범한 견해를 가지고 있다. 따라서 내가 그리는 인간상은 단순하고 다채롭지 않다. 나는 그들의 가정에 있는 평범한 할아버지, 할머니, 그리고 물론 어린아이의 이미지를 가장 즐겨 그린다"[54]라는 박수근의 이야기에 집중하고 싶다.

박수근이 수고스럽게 만든 마티에르는 그만의 세상이다. 그는 '평범함'을 강조했다. 그가 살았던 시대를 그는 거칠다 생각했던 것 같다. 매일의 삶이 거칠었으니 그가 얘기하고자 했던 평범함을 마티에르로 표현한 것은 아닐까? 현재 박수근미술관 주변을 잘 조성해놓고 번듯한 문화 복합단지로 방문객들에게 드러내고 싶은 욕심이야 이해한다. 하지만 그럴수록 그 땅은 박수근 생가와 박수근이 이해한 당시의 삶과 멀어진다. 왜 방문객들이 굽이굽이 산골 너머 양구까지 가는지 다시 한번 생각해볼 일이다.

옛 조선은행 군산지점

건축명	조선은행 군산지점
설계자	나카무라 요시헤이, 안톤 펠러
주소	전라북도 군산시 해망로 214

근대 건축가들의 이야기

수직성과 대칭성이 강조된 건물의 정면

고태수의 직장

> 벗어붙이고 농사면 농사, 노동이면 노동을 해먹고 사는 사람들과 마찬가지로, '오늘'이 아득하기는 일반이로되, 그러나 그런 사람들과도 또 달리 '명일明日'이 없는 사람들… 이런 사람들은 어디고 수두룩해서 이곳에도 많이 있다.
>
> —「탁류」, 채만식[55]

일제강점기 군산에서 태어난 채만식은 자신의 대표작 「탁류」의 배경으로 군산을 활용했다. 군산에 수두룩했던 내일(명일)이 없는 사람들 중에는 「탁류」의 주인공 초봉을 욕망하는 부정적인 인물들(고태수, 박제호, 장형보)도 있었다. 이들은 우리 국가와 민족을 지배하고자 했던 탐욕스러운 이들을 상징한다고 한다. 이 중 고태수는 초봉과 사기(?) 결혼에 성공하는데, 그가 은행원이었기 때문에 가능했다. 고태수가 근무했던 은행으로 나오는 곳이 옛 조선은행 군산지점(現 군산 근대건축관)이다. 채만식이《조선일보》에 「탁류」를 연재했던 기간(1937. 10.~1938. 5.)은 조선은행 군산지점이 수탈의 임무를 철저하게 수행하고 있을 때였다.

조선은행 군산지점에 대한 상당수의 글에서 이 건물은 '일제 식민지 수탈의 상징'으로 설명된다. 조선은행을 일본이 설립했고 그 목적이 일본 중앙은행을 보조하는 식민지 금융기관을 만들려는 것이었다는 점을 감안하면 그런 설명만큼 적당한 표현도 없다. 하지만 '조선은행 군산지점=일제 식민지 수탈의 상징'이라는 등식 외 다른 관계가 없다는 점은 건물에 대한 흥미를 떨어뜨리는 분명한 요소이기도 하다. 이 뻔한 등식 속에서 다른 이야기를 찾을 수는 없을까? 건물을 둘러보는 내내 머릿속을 떠나지 않는 생각이었다.

건물의 옛 모습 상상하기

건물에 들어서자마자 2층까지 뚫려 있는 홀이 눈길을 사로잡는다. 홀을 가로지르는 두 개의 보beam가 거슬리기는 하지만 식민국 금융기관으로서의 위압감을 보여주기에는 부족함이 없다. 현재 2층으로 오르는 계단은 서쪽에 하나가 있지만 원래 위치는 아니다. 「구 조선은행 군산지점 기록화조사보고서」(문화재청, 2009)에 따르면 최초 계단은 북서쪽과 북동쪽 모서리에 각각 있었다고 한다. 계단의 형태는 알 수 없지만 주 출입구로 들어선 사람에게는 대칭으로 구성된 홀의 모습

2층까지 개방된 홀이 압도적인 건물 내부

이 압도적이었을 것 같다.

현재 2층은 난간만 둘러져 있는데, 지나치게 개방적이어서 폐쇄적인 공간이 특징인 일반적인 은행 건물과는 어울리지 않는다. 하지만 「기록화조사보고서」에 따르면 2층 서쪽에는 당구대 2대를 놓고 사무실 직원들이 여가를 즐겼으며, 동쪽에는 작은 탈의실과 창고가 있었다고 한다.

1981년 건물은 민간에 매각된 후 예식장, 일반유흥음식점, 무도유흥음식점으로 용도가 변경됐다. 홀에 서서 예식장과 무도장으로 사용됐을 때의 모습을 상상해봤다. 그런데 예식장과 무도장으로 쓰일 당시 홀은 막혀 있었고 1층과 2층이 완전히 분리돼 있었다. 각 층의 출입구도 동쪽과 서쪽에 따로 있었고 심지어 주출입구 현관은 없는 상태였다.

2층을 둘러보다 건물의 설계자인 나카무라 요시헤이中村與資平와 안톤 펠러Anton Feller에 대한 전시자료를 볼 수 있었다. 나카무라 요시헤이는 서울 인사동에 있는 천도교 중앙대교당과 덕수궁 미술관의 설계자로 알고 있었던 건축가였다. 하지만 안톤 펠러는 낯선 인물이었다. 더욱이 자료에는 내가 그동안 나카무라 요시헤이가 설계한 건물로 알고 있었던 건물들이 안톤 펠러의 설계로 소개돼 있었다. 두 건축가는 어떤 사이였을까? 어쩌면 이 두 건축가가 일제 식민지 수탈의 상징으로만 설명되는 이 건물에서 다른 이야기를 들려주는 통로가 될 수 있을 것 같았다.

한 건축가,
나카무라 요시헤이

나카무라 요시헤이는 1880년 일본 시즈오카현에서 태어났다. 동경제국대학 건축과를 졸업한 그는 같은 대학의 대학원 진학과 함께 다쓰노 긴고辰野金吾와 카사이 만지葛西萬司가 공동 경영했던 '다쓰노카사이辰野葛西 건축설계사무소'에 입사했다. 당시 다쓰노 긴고는 영국 유학 후 동경제국대학 건축과에서 서양건축양식을 선구적으로 이끌고 있었다. 서울 명동에 있는 옛 조선은행 본점(現 한국은행 화폐박물관)과 동경역(1914)을 설계했고 그의 제자 중 한 명인 츠카모토 야스시塚本靖가 옛 서울역(現 문화역서울284, 1925)을 설계한 것으로 알려져 있다.

나카무라가 설계사무소에 입사했을 때 사무소에서는 일본제일은행 경성 총지점 설계를 시작하고 있었다. 나카무라는 대학원에서 은행건축을 연구하고 있었기 때문에 이 프로젝트에서 중요한 역할을 맡았다. 하지만 이는 표면적인 이유였고 실질적인 이유는 1906년부터 일본제일은행 경성 총지점의 부지배인을 맡고 있었던 그의 의형義兄, 타카야마 준페이竹山純平 때문이었다. 타카야마는 이후 나카무라가 하는 사업에 큰 영향을 미쳤다.

1907년 제일은행 임시 건축부 공무장으로 부임한 나카무라는 조선은행 본점의 공사 감독도 맡게 됐다. 실력과 인맥을 함께 갖추고 있었으니 이후 조선의 은행건물 설계에서 유리한 지위를 누렸다. 그는 조선은행 본점 준공 이후에도 건축고문을 맡았고

나카무라 요시헤이가 설계한 서울 덕수궁 미술관(왼쪽)과 천도교 중앙대교당(오른쪽)

나카무라 요시헤이의 스승인 다쓰노 긴고가 설계한 옛 조선은행 본점

스승의 권유로 경성에 '나카무라 건축사무소'를 개설했다. 그의 사무실은 현재 을지로에 있었다고 한다. 나카무라 건축사무소의 첫 번째 직원은 이와사키 도쿠마츠岩岐德松였다. 이와사키는 나카무라보다 9살 어렸는데, 후쿠오카 현립공업학교를 졸업한 뒤 조선으로 건너와 세관공사부 부산출장소에 근무했다.

1917년에는 조선은행 다롄지점 설계를 수주하면서 중국 다롄에도 사무실을 개설했는데, 이 과정에서 그의 의형 타카야마의 역할이 크게 작용했다. 다롄 사무실의 초기 운영은 이와사키가 맡았다. 그리고 이때 안톤 펠러가 그의 사무실에 입사했다.

또 한 명의 건축가, 안톤 펠러

안톤 펠러는 1892년 오스트리아 티롤에서 태어났다. 이후 스위스의 '취리히 고등공업학교(취리히 연방공과대학교의 전신)' 건축과에 입학했지만 최종적으로 졸업을 했는지는 정확하게 밝혀지지 않았다. 제1차세계대전이 발발했을 때 안톤 펠러는 동부전선에 참전했다가 러시아군에 붙잡혀 포로가 되었고 시베리아에 있는 치타에 억류됐다. 치타는 중국과 몽골 국경에서 북서쪽으로 500킬로미터가량 떨어져 있다. 안톤 펠러는 러시아 혁명 기간에 수용소를 탈출해 가장 가까운 중국으로 갔다.

안톤 펠러를 나카무라에게 소개해준 인물에 대해서는 두 가지설이 있다. 첫째는 기독교청년회 간부였던 니와 세이지로우丹羽清次郎이고, 둘째는 당시 조선은행 다롄지점장이었던 호시노 키요츠星野喜代治다.[56] 나카무라가 쓴 『자전自傳』에 따르면 안톤 펠러는 성격이 극히 온량하고 건축 기술, 그림, 과학 심지어 문학에도 능통했다고 한다. 나카무라는 안톤 펠러를 '일종의 천재적인 사람'이라고 평했다.[57]

조선은행 군산지점이 착공된 1920년은 두 사람에게 큰 변화가 일어난 시기였다. 그해 나카무라는 사업의 거점을 경성에서 다롄으로 본격적으로 옮기려고 했다. 일제가 중국 본토 침략을 본격화하면서 조선보다 일감이 더 많아질 것이라는 타카야마의 예측을 신뢰했기 때문이다. 하지만 12월에 경성사무실에 화재가 발생했다. 새로운 사무실을 개설했지만 나카무라는 3월 25일에 안톤 펠러와 함께 시애틀을 시작으로 미국과 유럽으로 여행을 떠났다. 둘은 1922년 2월 11일까지 17개국 90여 개 도시를 방문했다. 그 과정에서 안톤 펠러의 고향에서 부모님과 만나기도 했다.

여행에서 돌아온 나카무라의 정착지는 경성이 아닌 동경이었다. 경성사무실은 이와사키에게, 다롄사무실은 무나타카 슈이치宗像主一에게 일임한 뒤 자신은 동경에 '나카무라 공무소'를 개설했다. 그가 동경으로 돌아간 이유에 대한 여러 추측 중 그의 사업 방향에 처음부터 큰 영향을 미친 타카야마가 일본 제일은행 본점으로 자리를 옮긴 것이 가장 설득력 있어 보인다. 참고로 경성사무실을 맡은 이와사키가 1924년 5월 30일 지병으로 세상을 떠나면서 경성사무실은 폐쇄됐다.

다시 만난 두 건축가

나카무라가 일본으로 돌아왔을 때 안톤 펠러는 어떤 결정을 내렸을까? 일단 안톤 펠러가 나카무라와 함께 여행을 끝내고 일본으로 돌아왔다는 설이 있고 자신의 고향에 머물렀다는 설도 있다. 최종적으로 안톤 펠러는 일본으로 돌아와 나카무라 공무소에 합류했다.

잠깐 상상을 해보자. 안톤 펠러가 고향에서 부모님과 재회했을 때 그의 나이는 30세였다. 그가 러시아의 포로가 된 시기를 정확히 알 수 없으나 제1차세계대전 발발 시점을 고려하면 귀향까지 대략 5년 정도의 시간이 흘렀을 것이다. 당시 오스트리아는 제1차세계대전에서 패배한 뒤 제국이 해체된 상태였다. 그의 고향 티롤은 생제르맹 조약에 따라 이탈리아에 양도된 상태였다. 안톤 펠러 입장에서는 타향 생활을 그만두고 싶었겠지만 현실적으로 녹록하지 않았을 것 같다. 더군다나 나카무라에게는 자신의 능력을 인정받았지만 오스트리아에서는 다시 시작해야 하는 상황이었다. 결국 이런 현실적인 이유로 안톤 펠러는 동경으로 돌아온 것은 아닐까?

동경에서 두 건축가의 동행은 오래가지 않았다. 표면적인 이유는 월 600엔에 달하는 안톤 펠러의 임금 때문이었다고 하지만

건물의 서쪽과 동쪽 입면

내 생각에 임금은 구실이었을 가능성이 높다. 11개월간 두 사람이 함께 여행했다면, 더군다나 두 사람이 동등한 입장이 아닌 고용인과 피고용인 사이였다면 나카무라에게 안톤 펠러의 임금은 중요한 문제가 아니었을 것이다. 오히려 나카무라가 안톤 펠러의 미래를 인정하고 더 큰 세계로 나아갈 수 있도록 다른 설계사무소를 소개해주었다고 보는 것이 합리적이다. 42세의 나카무라가 보는 미래와 30세의 안톤 펠러가 보는 미래의 지향점이 같을 수는 없었다. 동경은 경성과 달랐다. 안톤 펠러는 동경에서 더 넓은 세상으로 나아갈 수 있는 기회를 찾을 수 있었다. 더군다나 안톤 펠러는 나카무라와의 세계여행을 통해 미국의 가능성을 봤다.

헤어진 두 건축가

안톤 펠러가 찾은 기회는 안토닌 레이몬드Antonin Raymond였다. 체코슬로바키아 출신의 레이몬드는 1908년부터 미국 근대건축의 대가 프랭크 로이드 라이트Frank Lloyd Wright와 함께 일했다. 1919년에는 라이트 건축사무소 도쿄 사무실을 맡았고 4년 후에는 라이트와 함께 제국호텔Imperial Hotel을 설계하기도 했다. 제국호텔 설계에는 안톤 펠러도 참여했다. 1923년에는 레이몬드를 통해 프랭크 로이드 라이트의 동부 탈리에신East Taliesin에 합류할 수 있었다. 말년에는 뉴저지주에 정착해 1973년에 생을 마감했다.

안톤 펠러를 떠나보낸 나카무라는 일본 내 활동을 이어갔다. 1938년에는 덕수궁 미술관도 설계했다. 하지만 6년 후에는 건축사무소를 접고 고향 하마마쓰로 돌아갔으며 말년에는 자신의 직원이 개설한 건축사무소의 고문으로 활동했다. 그는 1963년에 생을 마감했다.

세계를 보는 창窓과
세계로 나아가는 문門

두 사람이 함께 한 시간은 대략 5년이었다. 그 사이 나카무라 설계사무소에서 설계한 건물들은 화려한 장식을 갖춘 르네상스, 바로크 양식에서 근대 분리파Secession 양식으로 빠르게 바뀌었다. 안톤 펠러와의 여행을 통해 서양 고전양식이 근대화되는 과정을 직접 확인한 나카무라는 모든 시대의 양식을 적절히 조합한 새로운 근대건축 유형을 만들고자 했다. 완전한 모더니즘은 아니더라도 분리파 양식을 거쳐 불필요한 장식이 사라지고 근대건축의 특성이 나타났다는 점에서 주목할 만한 변화였다.

두 건축가에 대한 이야기를 알고 다시 바라본 조선은행 군산지점은 이전과 다르게 보였다. '군국주의와 제국주의의 기초 위에 조선의 지배와 침략을 정당화시키는 상징'이라는 일반적인 평가 속에 숨은 이야기를 상상할 수 있었다. 나카무라 설계사무

고대 이집트 신전의 탑문을 닮은 현관과 일본건축 요소가 융합된 지붕창

소에 입사한 안톤 펠러는 서유럽에서 건축을 공부한 자신이 이전까지 사무소에서 진행해온 서양건축 양식과는 다른 것을 할 수 있다는 차별성을 보여줄 필요가 있었다. 동시에 자신이 제시한 양식을 통해 그전까지 일본인들이 식민지 백성에게 전달하고자 했던 우월감과 압도감을 계속 전달할 수 있어야 했다.

안톤 펠러의 이러한 고민을 가장 잘 보여주는 결과물은 조선은행 군산지점의 현관이다. 벽체와 창호를 수직적으로 반복한 정면facade은 건물을 실제보다 더 높아 보이게 한다. 그렇기 때문에 가운데 배치되는 현관은 이런 수직성과 대칭성을 더 살려야 했다. 안톤 펠러가 선택한 형태는 고대 이집트 신전의 탑 모양을 닮은 문, 파일론pylon이었다. 그는 위로 갈수록 작아지는 파일론을 양쪽에 세우고 앞으로 돌출시켰다. 그래서 건물 정면의 상승감과 리듬을 해치지 않고 동시에 거석 건축물의 장대함과 위엄을 함께 느낄 수 있도록 했다.

지붕 처리도 눈여겨볼 만하다. 경사가 중간에 꺾이는 형태의 지붕mansard은 가운데 수평띠 창을 중심으로 위아래로 나뉜다. 수평띠 창 가운데에는 일본 특유의 카라하우唐破風 형태의 지붕창dormer이 설치돼 있다. 수평띠 창은 모더니즘 건축에서 등장하는 창의 형태다. 안톤 펠러는 서양건축을 단순히 따라 하는 단계에서 서양건축 요소와 일본건축 요소를 융합할 수 있는 자신의 역량을 보여주고 싶었던 것 같다.

더군다나 조선은행 군산지점은 당시 군산에서 가장 높은 건축물이었고 카라하우 형태의 지붕창은 항구 쪽이 아닌 시가지를 향하고 있다.[58] 결국, 카라하우 형태의 지붕창은 특별한 기능보다는 시가지를 향한 상징적인 역할이 더 컸음을 짐작할 수 있다. 안톤 펠러가 지붕창에 공들인 이유다. 반면, 지금까지 자신의 건축사무소에서 진행했던 서양건축 양식과는 다른 안톤 펠러의 설계를 보며 나카무라는 어떤 생각을 했을까? 무엇보다 구현하기 까다로운 장식을 사용하지 않으면서도 웅장하고 장대한 느낌을 살릴 수 있는 그의 설계가 만족스러웠을 것이다.

조선에 남은 한 건축가, 이와사키 도쿠마츠

두 사람이 완공된 조선은행 군산지점을 방문했었는지는 알 수 없다. 두 건축가가 여행을 끝마치고 일본으로 돌아간 1922년에 건물이 준공됐다는 점을 고려하면 그렇지 않았을 가능성이 더 높다. 그렇다면 건물의 마무리와 감리는 경성사무실을 맡은 이와사키 도쿠마츠가 했을 것이다. 생각이 이쯤에 이르자 안톤 펠러보다 5년 먼저 나카무라 설계사무소에 입사한 이와사키는 나카무라와 안톤 펠러가 경성사무실을 자신에게 맡기고 세계여행을 떠났을 때 어떤 기분이 들었을지 궁금했다. 경성사무실과 나카무라의 작업들을 마무리하는 것만으로도 만족했을까? 참고로 상량문 현판에는 나카무라만 설계

해망로를 오가는 차량을 물끄러미 바라보고 있는 군산 근대건축관

자로 적혀 있고 조선건축회에서 발간한《조선과 건축朝鮮と建築》 제2호(1922. 7. 25 발행)에는 나카무라와 이와사키가 함께 설계했다고 기록돼 있다. 안톤 펠러의 이름은 두 기록 모두에서 빠져 있는 것이다.

나카무라와 안톤 펠러 그리고 이와사키에 대한 이야기를 옛 조선은행 군산지점이 더 많이 담으면 좋을 것 같다. 현재 건물의 용도가 군산 근대건축관이라면 군산의 근대건축뿐만 아니라 일제강점기 우리나라 건축에서 꽤 비중 있는 역할을 했던 건축가들에 대한 이야기를 조금 더 자세히 전달하는 장소가 되는 건 어쩌면 오히려 당연하기 때문이다.

국립 아시아문화전당

건축명 국립 아시아문화전당

설계자 우규승(KSWA), 삼우종합건축사사무소, 희림종합건축사사무소

주소 광주광역시 동구 문화전당로 38

붉은 봄

5.18민주화운동의 상징 옛 전남도청

전남도청 이전과 아시아문화중심도시

1980년 5월의 광주는 영화 〈택시운전사〉를 비롯해 여러 영화의 배경이 될 만큼 현실 같지 않은 현실이었다. 5·18을 다룬 영화에서 가장 극적인 장면이 전개되는 장소는 옛 전남도청이다. 그만큼 5·18과 옛 전남도청은 쉽게 떼어놓을 수 없는 관계다. 그래서 전라남도가 새로운 도청 건립계획을 발표했을 때 도청이 이전할 지역의 청사진을 제시하는 것만큼 이전하고 남은 옛 전남도청 그리고 그 주변의 활용방안을 제시하는 것이 중요했다.

노무현 전 대통령은 5·18추모행사에 참석해 광주를 '아시아 문화예술의 메카'로 육성하겠다 발표했다. 여기서 눈여겨보아야 할 키워드는 '아시아'다. 광주를 문화수도로 육성하겠다는 공약 이후 그 과정이 구체화되면서 아시아라는 지역이 등장했기 때문이다. 그럼 왜 '아시아'였을까? 〈아시아문화중심도시 광주조성사업〉의 핵심은 5·18이 있었던 광주와 주체적인 근대화 과정을 겪지 못한 아시아 주요 도시들 간의 평화적 연대를 도모하는 것이었다. 그리고 그 시도가 '문화'라는 포괄적 의미와 함께함으로써 아시아 지역의 공감대, 나아가 연대의 문화를 광주가 선도하겠다는 포석이 깔려 있다.

5·18은 신군부에 대한 시민들의 민주화운동이었다. 첫 번째 군사정권은 해방 직후 어수선한 정국과 결속된 시민의식의 부재로 어떤 저항도 받지 않았다. 하지만 1980년은 최소한 정당하지 못한 권력에 저항해야 한다는 의식만큼은 1961년과 달랐다. 시민들은 분노했고 체계적이지 못했다 하더라도 뭉쳤다. 문제는 5·18민주화운동을 아시아 도시들의 주체적인 민주화 과정과 엮어내기는 쉽지 않다는 점이다. 아무리 아시아로 문화적 범주를 좁히더라도 각 국가, 각 도시의 민주화 과정은 개별적이기 때문이다. 물론 그 과정에서 군사쿠데타 발생, 독재자의 등장 이에 대한 시민들의 저항 그리고 대량 학살은 마치 필연적인 법칙처럼 공통적으로 일어나고 있다.

광주의 상황을 일반화시킬 수 없다 하더라도 광주의 노력은 계속되고 있다. 미얀마에서 세 번째 군부 쿠데타가 발생했을 때 뉴스를 통해 접한 그곳에서의 장면은 1980년 5월 광주를 연상시켰다. 그리고 광주시민들은 '미얀마 광주연대'를 결성해 사진 전시회를 개최하고 미얀마 시민들의 활동을 지지했다.

「아시아문화중심도시 조성에 관한 특별법」에서 정의하는 '아시아문화중심도시'는 "아시아 각국과의 문화 교류를 통하여 아시아 문화의 연구·창조·교육 및 산업화 등 일련의 활동이 최대한 보장되도록 국가적 지원의 특례가 실시되는 지역적 단위"다. 사업의 주요 내용은 문화적도시환경 조성, 문화산업육성, 투자진흥지구 지정 등인데 이 중 핵심시설은 단연 국립 아시아문화전당Asia Culture Center(이하 아시아문화전당)이다.

원도심 재생의 새로운 축, 아시아문화전당

특별법 제정 전 문화중심도시조성위원회에서 옛 전남도청과 그 일대를 아시아문화전당으로 활용하는 방안이 의결됐다. 그런데 이를 위해서는 아시아문화전당과 유사한 시설을 조성해왔던 지금까지의 방식과는 다른 새로운 방식이 필요했다. 아시아문화전당과 같이 국가가 주도하는 대규모 문화 및 집회시설을 지을 때 가장 중요한 건 시민들이 쉽게, 언제든지 갈 수 있는 입지다. 그런데 많은 수의 문화 및 집회시설들이 그렇지 못한 곳에 들어서 왔다. 가장 큰 이유는 넉넉하지 않은 사업비. 여기에 누군가의 치적사업으로서의 '드러내고자 하는 욕망'이 더해지면 기존 도시에서 떨어진, 허허벌판에 도드라진 건물이 등장한다. 하지만 아시아문화전당이 들어서는 땅은 광주의 원도심으로 광주시민들의 삶의 중심이었다. 그렇기 때문에 산을 배경으로 스스로 위용을 뽐내는 건축물은 적합하지 않았다.

옛 전남도청을 대신해 광주 원도심의 새로운 축이 된 아시아문화전당

두 번째는 아시아문화전당이 옛 전남도청을 대신함으로써 광주 원도심의 새로운 축으로서의 역할을 맡아야 했다. 이 경우 아시아문화전당의 구체적인 용도가 중요해진다. 이름에 등장하는 '문화'는 그 의미와 범위가 너무 폭넓기 때문이다. 아시아문화전당 홈페이지를 보면 "아시아문화전당은 아시아 과거-현재의 문화예술과 혁신적인 아이디어, 신념이 만나 미래지향적인 새로운 결과물을 생산해내는 국제적인 예술기관이자 문화교류기관"[59]이다. 현재 아시아문화전당은 민주평화교류원, 문화정보원, 문화창조원, 예술극장, 어린이문화원으로 이루어져 있다.

마지막으로 옛 전남도청의 활용방안을 모색해야 했다. 많은

바닥 높이에 변화를 준 어린이문화원과 어린이도서관 내부

지자체들이 도심에 있는 기능을 다른 곳으로 이전하면서 원래 있던 자리의 활용방안을 고민한다. 가끔 이런 고민을 보고 있으면 '왜 굳이 이전할까?'라는 의문도 든다. 물론 기존 시설과 주변의 꽉 들어찬 도시조직으로 인해 필요한 시설을 확충하기 어렵기 때문이라는 설명도 이해는 되지만 그렇다고 해결하기 쉬운 땅으로 옮기고 기존 시설이 있었던 자리에 맞는 무언가 새로운 기능을 찾는 건 더 힘든 일이라 생각한다. 여기에 더해 그 건물이 오래됐거나 어떤 기억을 담고 있다면 뭐가 될지 모르는 새로운 기능을 찾기란 더 힘들어진다. 그래서 이런 상황이 되면 제약사항을 그나마 줄이기 위해 기존 건물을 없애고자 한다. 하지만 옛 전남도청에서는 그럴 수 없었다. 옛 전남도청이 아시아문화전당의 존재 이유였기 때문이다.

아시아문화전당의 모습을 구체화하다

이런 맥락하에 새로운 아시아문화전당의 모습을 결정하는 일이 과제로 남았다. 5·18민주항쟁 25주년을 맞아 국제건축가연맹이 인증하는 〈아시아문화전당 국제현상설계 공모전〉이 실시됐다. 참가등록 팀은 총 467개. 이 중 해외 참가자가 80퍼센트(373개)로 훨씬 많았다. 7개월 후 미국에서 활동하는 한국인 건축가 우규승의 안이 당선작으로 선정됐다.[60]

당선작의 제목은 'Forest of Light, 빛의 숲'이었다. 당선작은 건물과 외부공간을 적절하게 조직하면서 조화를 이루고자 했다. 그래서 새로운 건물을 지상이 아닌 지하에 두었다. 그리고 이를 통해 원도심의 개방성을 강조했다. 설계자 우규승은 아시아문화전당에서 생산하고 선보일 문화는 과거와 미래, 중심과 가장자리, 그리고 내향과 외향 사이를 소통하게 하는 매개물이라 생각했다. 그리고 그 문화가 매개되는 공간은 '공원'이어야 한다고 판단했다. 우규승은 "20세기가 도시의 심장을 필요로 하는 시대였다면 21세기는 도시의 허파가 필요한 시대"라고 했다. 더군다나 아시아문화전당 부지에 조성될 공원은 "광주민주화 운동에 뿌리를 둔 시민들의 참여의식과 사회적 진보가 일구어낸 결과를 반영"[61]해야 했다.

아시아문화전당이 만들어내는 풍경을 완성시키는 요소는 단연 '빛'이다. 빛은 빛고을, 광주光州의 상징이며, 빛이 만들어내는 숲은 "자연과의 긴밀한 관계를 이루는 아시아가 가진 가장 큰 가치 중 하나"[62]다. '빛의 숲'은 낮과 밤이 다른 풍경을 띄는데, 낮에는 건물 내부로 스며드는 빛이 연출하는 숲, 밤에는 건물 안에서 주변 도시로 발산하는 빛이 만들어내는 숲이다. 다른 이 두 풍경을 만들어낼 때 가장 중요한 역할을 하는 장치는 채광정, 일종의 광덕트다.

시설배치는 가운데 아시아문화광장을 두고 반시계 방향으로 어린이문화원 – 문화정보원 – 문화창조원 – 예술극장이 'ㄷ' 자로

'빛의 숲'을 구현하는 가장 중요한 장치인 채광정(광덕트)

둘러싸여 있다. 옛 전남도청(現 민주평화교류원, 5·18민주평화기념관)은 대지 가운데 원래 자리에 남겼다. 광장은 지하로 묻힌 시설의 바닥 높이에 맞춰져 있기 때문에 주변 도시에 비해 낮다. 그래서 광장은 도시적 의미의 광장이라기 보다는 아시아문화전당 내 시설들로 둘러싸인 중정에 가깝다.

광장과 주변 도시가 연결되는 지점은 민주평화교류원 양쪽에 있는 1번, 6번 출입구다. 그런데 원도심의 중심 도로인 금남로를 고려하면 1번 출입구의 비중이 더 크다. 문제는 이 때문에 옛 전남도청 본관과 연결된 별관의 일부가 철거되어야 했다. 우규승의 원래 계획안에서는 별관이 아예 없었다. 문제는 일부 시민단체에서 '옛 전남도청 별관 보존 주장'을 제기했고 결국 별관 전체 54미터 중 30미터만 원형 보존하고 나머지 24미터는 강구조물을 덧붙여 전체 형태를 유지하는 안으로 절충됐다. 현재 아시아문화전당에서 가장 비중이 큰 1번 출구는 강구조물로 만든 격자 프레임 아래에 있다.

랜드마크 논란

아시아문화전당이 광주 원도심에 지어졌다는 사실 만으로도 아시아문화전당은 5·18광주민주화운동의 상징이 되어야 했다. 그런데 우규승의 설계는 대부분의 시설이 지하에 있기 때문에 땅land 위에 도드라지는mark 요소가 거의 없다. 물론 그럼으로써 5·18의 상징인 옛 전남도청은 더 잘, 유일하게 드러나지만 지역주민들은 그에 버금가는 새로운 랜드마크를 원했다. 당선작 선정 이후 10여 년 동안 두 번에 걸쳐 설계 변경이 있었는데, 가장 큰 이슈 중 하나가 랜드마크에 대한 요구였다. 애초 우규승은 땅 아래 대부분의 시설이 묻히는 자신의 안을 의식해서 "특별한 경험으로 기억되는 장소는 그 자체로 랜드마크가 된다"[63]라고 설명했지만 이런 설명이 즉각적인 랜드마크를 원하는 사람들에게 와닿을 리 없었다.

사람들이 랜드마크를 만드는 이유, 즉 땅에 표시를 하고자 하는 이유를 생각해보면 사람들이 무엇을 원했는지 짐작할 수 있다. 랜드마크의 목적은 땅이 어떤 기억을 가지고 있다는 흔적을 남기다 만들어진 무엇이다. 그렇다면 그 무엇이 굳이 거대하고, 거창하고 시각적으로 확연하게 드러날 필요는 없다. 더군다나 최근의 추세는 무언가를 드러내는 방식이 아닌 부재를 인지시키는 방식으로 기념비를 만들고 있다. 결국 중요한 건 랜드마크가 아니라 마인드마크mindmark다. 우규승이 염두했던 것도 마인드마크였다. 어찌됐든 랜드마크는 마인드마크를 위한 수단이기 때문이다. 문제는 사람들이 랜드마크와 아이콘을 헷갈려 한다는 것이다. 아이콘은 "(특정한 사상·생활 방식 등의 상징으로 여겨지는)우상"이니 결국 랜드마크가 필요하다고 말하면서 아이콘을 요구하는 셈이다.

도시의 광장이라기보다는 아시아문화전당의 중정 같은 아시아문화광장

아시아문화전당을 위한 몇 가지 제안

아시아문화전당 건립의 어떤 목표보다 우리가 주목해야 하는 건 도심에 만들어진 허파, 즉 '공원'에 있다. 물론 공원이 되기 위해서는 지금보다 더 푸르르고 더 개방적인 공간이 되어야겠지만 이는 자연의 역할이 필요한 일이니 우리는 기다려야 한다. 하지만 공원이 만들어진 자연 일지라도 자연이기 위해 반드시 필요한 주변 녹지와의 연계, 도시를 둘러싼 거점 녹지와의 흐름은 개선되어야 한다. 이는 자연의 역할이 아닌 우리의 몫이다. 설계자도 계획안 수립 시 무등산을 포함한 광역 녹지축과의 연결 등을 고려했었다. 물론 그러한 고려는 아직 현실화되지 않았다. 다행인 건 무등산으로 이어지는 조선대학교까지의 거리와 광주를 가로지르는 광주천까지의 거리가 500미터 이내라는 점이다. 500미터는 도시계획에서 흔히 이야기하는 '보행권'이다. 나무가 많은 녹지가 아니라 무등산으로 가는 서남로와 광주천으로 연결되는 서석로가 걷기 편한 환경으로 바뀌면 시민들은 기꺼이 걸어서 무등산과 광주천까지 갈 수 있다는 얘기다.

두 번째는 현재보다 주변 도시조직과 친밀히 연계되어야 한다. 이는 아시아문화전당이 공원이기 때문에 더욱 필요한 변화다. 현재 아시아문화전당 경계와 주변 지역이 만나는 도로—서석로, 문화전당로, 문화전당로 26번길, 제봉로—에 서면 아시아

대부분의 시설이 지하에 배치된 아시아문화전당과 흙막이벽에 조성된 대나무 정원

문화전당에 설치된 보도로는 걷고 싶은 생각이 들지 않는다. 특히, 대나무 정원이 있는 난간은 보도를 따라 연속된 빈 벽empty wall을 이룬다. 왕복 2차로로 폭이 가장 좁은 북쪽의 서석로는 반대쪽 근린상가에서 일어나는 행위를 받아주지 못해 안타깝다. 공원의 경계를 따라 어느 정도의 시설을 배치해 공원을 둘러싼 가로가 활성화되면 좋을 것 같다.

세 번째는 아시아문화전당에 입지한 대규모 문화 및 집회시설의 활용이다. 그런데 이 부분은 시설 운영 주체의 역할 뿐만 아니라 그 시설을 이용하는 시민사회의 역할이 훨씬 중요하다. 왜

라이브러리파크

문화창조원 복합관의 전시

냐하면 아시아문화전당은 광주의 원도심을 움직이는 새로운 바퀴의 축이기 때문이다. 앞서 언급했듯이 아시아문화전당은 대규모 문화 및 집회시설의 입지를 결정하는 뻔한 메커니즘을 따르지 않았다. 그래서 일단 입지상으로는 일반 시민들이 쉽게 접근할 수 있다. 이론적으로 공공문화시설의 입지로서는 최적이니 그 이론이 현실에서도 그렇다는 것을 증명할 필요가 있다. 그리고 반드시 증명해주었으면 좋겠다. 그래서 문화도시를 목적으로 한 공공문화시설이 바퀴의 새로운 축이 될 수 있다는 사례를 다른 도시에도 전달해주었으면 좋겠다.

어느 해 5월 18일,
그곳에 서고 싶다

아시아문화전당을 둘러보니 한강의 소설 『소년이 온다』를 떠오르게 하는 장면이 여럿 있었다. 한강의 책에서 1980년 광주는 유약한 인간의 영혼과 잔인한 인간의 존재가 역설적으로 동시에 드러난 장소였다. 책을 통해 우리 사회가 광주시민들에게 많이 미안해하고 그 아픔에 공감해야 하는 이유를 확인할 수 있었다.

'그곳에 한 번쯤 가보고 싶다'라는 생각을 들게 한 곳은 많다. 하지만 특정 시점에 그곳에 있고 싶다는 생각을 들게 한 곳은 많지 않다. 광주는 어느 해가 됐든 5월 18일에 반드시 그곳에 서보

한강의 소설 『소년이 온다』를 떠오르게 했던 장면

고 싶은 장소다. 그리고 그때 내가 느끼고 싶은 건 한강이 얘기한 '투명하고 깨지기 쉬운 유리'도, '아시아라는 지역으로 그 의미를 넓힌 5·18의 정신'도, '5·18을 상징하는 랜드마크'도 아니다. 난 광주시민들의 일상 속에 스며든 아시아문화전당을 그곳에서 확인하고 싶다.

옛 조선소에 부지에 남아 있는 슬라이딩 도크와 골리앗 크레인

작은 것들의 가치

스페이스 도슨트의 안내가 끝났습니다. 어떠셨는지요? 여러분들에게 공간과 장소에 대한 이야기를 하면서 동시에 여러 가지 생각이 듭니다. 그중 내 안에서 떠오른 "나는 어떤 공간을 가장 좋아하는 걸까?"라는 질문에 대해 가장 많이 생각합니다. 그러다 통영의 어느 폐조선소에서 그 답을 찾을 수 있었습니다.

굳게 닫혀 있던 철문이 열리는 순간 어디서도 본 적 없던 장면이 눈앞에 펼쳐졌습니다. 배를 새로 만들고 처음으로 물에 띄우는 과정을 '진수進水'라고 합니다. 진수의 방식은 여러 가지가 있는데 그중 '슬라이딩 도크Sliding dock'는 경사면에서 배 자체의 무게로 배가 미끄러져 내려가게 하는 방식입니다. 육중한 배는 없지만 슬라이딩 도크와 골리앗 크레인Goliath crane만으로도 그 자리에 있었을 배가 머릿속에 그려졌습니다. 어쩌면 거대한 두 장치 사이에 배가 없다는 것이 다행이라는 생각마저 들었습니다.

이곳은 수주 잔량이 한때 세계 16위였을 정도로 잘나갔던 조선소 부지입니다. 1946년 설립된 최기호조선소(이후 '신아SB'로 이름을 바꿈)는 최고의 수주 잔량을 기록한 이듬해에 워크아웃을 신청했습니다. 갑작스러운 과정이었다는 점을 감안하면 신아SB의 성장은 튼실하지 못했던 것 같습니다. 출자액에 관계없이 직원 모두가 똑같이 성과급을 배분 받던 시절도 있었다고 하는데, 결국 2017년 신아SB는 파산했습니다.

눈앞에서 본 슬라이딩 도크와 골리앗 크레인은 생각보다 훨씬 컸습니다. 철제 계단을 이용해 도크 상판 위로 올라가자 바다 아래로 경사져 내려가는 도크가 보였습니다. 선박의 이동에 쓰였을 레일을 따라 천천히 나아가자 어느 순간 시선이 수평선에 맞춰졌습니다. 그 순간보다 더 내려가면 이제 바닷속입니다. 이 과정이 제게는 참 낯설었습니다.

파산 선고 후 신아SB조선소 부지를 매입한 LH는 〈통영 폐조선소 도시재생 사업을 위한 아이디어 및 설계팀 선정을 위한 국제지명초청 설계공모〉를 공고했고 몇 달 뒤 포스코A&C건축사사무소와 Henn GmbH 외 다섯 개사로 이루어진 컨소시엄을 현상설계 당선자로 선정했습니다. 지역 언론에서는 이 땅의 미래를 '세계적 관광 명소', '통영의 구겐하임Guggenheim'으로 소개했습니다. 그들은 재생사업을 통해 '특정한 건축물이 일단의 지역과 도시의 이미지, 경제에 큰 영향을 미치는' 빌바오 효과Bilbao Effect를 기대했습니다.

신아SB조선소 재생사업이 통영에서 빌바오 효과를 기대한 처음은 아니었습니다. 2002년 4월 경상남도와 토지공사는 '윤이상 국제음악당' 건립계획을 발표했고 이듬해 취임한 통영시장은 빌

조선소 부지에 남아 있는 옛 장비들

바오 구겐하임미술관을 설계한 프랭크 게리Frank Gehry에게 설계를 의뢰했습니다. 하지만 우리가 알고 있듯이 프랭크 게리가 설계한 건물은 현재 통영에 없습니다. 2009년 사업 예산이 축소되고 그마저도 국고에 반납할 시기가 가까워지면서 확보된 예산으로 사업을 추진하기로 계획을 변경했기 때문입니다. 명칭도 '윤이상 국제음악당'에서 '통영국제음악당'으로 바뀌었습니다.

한때 번성했고 예향의 도시라 자평하는 통영은 현재 위기라고 합니다. 솔직히 통영만 겪는 위기는 아닙니다. 통영의 현재를 걱정하며 부흥을 이루기 위해 현재를 진단하는 내용 중 가장 자주 나오는 건 '개방성의 회복'입니다. 고종 32년(1895)에 통제영이 폐지된 후에도 일제 강점기까지 통영의 개방성은 유지됐습니다. 하지만 산업화시대에 들어서면서 점차 개방성을 잃기 시작했고 결국 폐쇄적이고 물질적인 수산업에만 매달리게 됐다는 것이 진단의 개략적인 내용입니다.[64]

그런데 생각해보면 통영이 한때 지니고 있었다는 개방성은 결국 부를 쫓아서든 일자리를 찾아서든 통영으로 들어온 외지인들이 있었기 때문에 성립할 수 있었습니다. 결국 유입 요소가 있어야 개방성이든 폐쇄성이든 말할 수 있다는 얘기죠. 그렇다면 통영으로 외지인들이 찾아올 수 있도록 대규모 유입 요소를 만들자는, '빌바오 효과'를 유도하자는 주장이 힘을 받을 수 있습니다. 하지만 통영을 비롯한 지방의 모든 도시들도 이런 주장과 그에 따른 정책을 펼치고 있습니다. 결국 차별성 없는 똑같은 말일 뿐이죠. 솔직히 통영이 됐든 어디가 됐든 큰 건의 유입 요소 도입으로 도시의 부흥을 이루는 방법은 과거와 달리 지금은 쉽지 않습니다. 그럼에도 지금까지 큰 건의 도입을 주장해온 사람들에게는 필요한 교조敎條이겠죠. 큰 사업을 통해 큰 기술이 들어가야 자리를 유지할 수 있고 치적을 드러낼 수 있기 때문입니다. 이런 주장을 하는 사람들에게 통영의 매력이 동피랑과 서피랑, 그리고 봉숫골과 그곳에 있는 전혁림미술관과 같이 작은 것들의 집합에 있다는 얘기는 분명 불편할 수 있습니다.

신아SB조선소의 거대한 두 장치를 보면서 이 땅에서 작은 것들의 의미는 무엇일까 생각해봤습니다. 그러다 일행에 뒤처졌

강구안을 품고 있는 통영 원도심의 풍경

습니다. 걸음을 재촉하는데 앞서가는 두 근로자의 뒷모습이 보였습니다. 우리를 안내해준 두 근로자는 통영에서 태어나 통영에서 자라 통영 최고의 직장이었던 신아SB에서 일했습니다. 하지만 회사가 정리되는 과정에서 LH 소속으로 옮겨 이제는 조선소 부지를 관리하고 있었습니다. 두 근로자의 딱 벌어진 어깨는 조선소에서 육체노동으로 단련된 시간을 담고 있었습니다. 순간 저 근로자들의 기억이 이 땅이 가지고 있는 작은 것들의 진정한 의미라는 생각이 들었습니다. 신아SB조선소에 대한 글을 블로그에 올린 뒤 옛 근로자들의 댓글이 달리기 시작했습니다.

예전 신아SB조선에 마지막까지 근무하고 어쩔 수 없는 파산으로 인해 다른 길로 갔네요. 한번씩 신아조선이 어떻게 변했는지 검색해보는데 최신 사진을 올려주셔서 정말 감사하게 봤습니다. 정말 좋은 회사고 좋은 동료들도 만나고 좋은 추억밖에 없는 회사라 평생 잊지 못할 겁니다.

— 2019. 11. 4.

저도 이 글 보니 나의 20대를 보냈었던 그때가 떠오르네요. 저 역시 이 회사에 공채로 처음 입사하여 호황기 불황기를 다 겪고 동기들과 힘들고 즐거웠던 추억이 많은 회사입니다. 모자이크 처리했지만 사진에 있는 직원들도 누군지 알 것 같아요~ 그립고 그립네요. 다들 어떻게 잘 지내는지… 이곳은 많은 사람들에게 특별하지만 마음 아픈 장소가 된 것 같아요. 다시 빛나는 곳이 되었으면 좋겠습니다.

— 2019. 12. 31.

그들은 찬란했던 과거를 기억하며 이제는 사라진 회사를 가끔 검색하고 있었습니다. 그들은 이곳이 다시 빛나는 곳이 되기를 희망했습니다. 그들의 기억이 그리고 그 장소에서의 이야기가 재생이 끝난 이곳의 한 귀퉁이가 아니라 한가운데 있었으면 좋겠습니다.

세계적으로 유명한 건축가가 설계한 건축물은 그 자체를 바라

도시재생을 기다리고 있는 옛 신아SB조선소 부지

보는 것만으로도 즐겁습니다. 비록 오독誤讀이 될지라도 건축물 안팎을 돌아다니며 건축가의 생각을 추측하고 나름대로 해석하는 과정은 추리소설을 읽는 것과 같습니다. 반면, 굵직한 역사의 현장은 당시의 상황을 상상하는 것만으로도 충분한 현장감을 줍니다. 때로는 특정 인물이 되어 감정이입을 해보기도 합니다. 누군가가 바라봤을 풍경을 바라보기도 하고 그의 생각을 예측해보기도 하죠. 저는 어떤 공간과 장소가 됐든 그 안에 많은 이야기가 담겨 있을수록 또는 사연을 충분히 담을 가능성이 있는 곳일수록 좋아합니다. 이야기로 지은 미술관에서 여러분들을 만날 수 있어서 즐거웠습니다. 또 다른 미술관에서 여러분들을 다시 만날 수 있기를 희망합니다. 안녕히 돌아가세요.

주

1 『서울은 깊다』, 전우용, 돌베개, 2008, 199쪽.
2 『빨간도시: 건축으로 목격한 대한민국』, 서현, 효형출판, 2014 289~290쪽.
3 〈[인터뷰] "흠 없는 건물 짓느니 욕먹어도 '다양성' 계속 추구"〉, 《주간동아》, 2013년 12월 2일, https://news.naver.com/main/read.naver?mode=LSD&mid=sec&sid1=001&oid=037&aid=0000017064 , 2022년 1월 11일 검색.
4 「Feature01 Report 서울시 새 청사, 한국 건축의 반영」, 심영규, 《SPACE》, 공간사, 2012년 8월(537), 62쪽.
5 서울시청사 증개축 턴키 입찰 선정안은 〈서울특별시 청사 증축공사 턴키 프로젝트〉, 《라펜트》, 2006년 5월(217호), https://www.lafent.com/magazine/atc_view.html?news_id=4932&gbn=02 참고.
서울시청사 설계변경안과 초청공모전 당선안은 〈서울시청사 5번째 디자인.. 얼굴될까?〉, 《이데일리》, 2008년 2월 18일, https://www.edaily.co.kr/news/Read?newsId=02230406586311832&mediaCodeNo=257 참고.
6 24쪽과 같음.
7 『제주4·3 바로알기』, 제주4·3평화재단, 2016, 31쪽.
8 「제주 4·3 평화공원 계획안」, 승효상, 《SPACE》, 공간사, 2002년 11월(420), 143쪽.
9 「제주 4·3 평화공원」, 조성룡, 《설계경기》, 산업도서출판공사, 2002년 10월(37), 158쪽.
10 위와 같음.
11 승효상(이로재) 현상설계안은 「제주 4·3 평화공원 계획안」, 《SPACE》,

승효상, 공간사, 2002년 11월(420), 나머지 세 설계안은 「제주 4·3 평화공원」, 《설계경기》, 산업도서출판공사, 2002년 10월(37) 참고.

12 「제주 4·3 평화기념관」, 공간건축, 《PLUS》, 플러스문화사, 2008년 5월(253).

13 『칼의 노래』, 김훈, 문학동네, 2012, 106쪽.

14 〈'나'의 존재를 관람객에 과시하지 말라〉, 《한겨레신문》, 2011년 5월 18일, https://www.hani.co.kr/arti/culture/culture_general/478661.html , 2022년 1월 18일 검색.

15 『건축가 이종호』, 우의정, 우리북, 2016.

16 55쪽과 같음.

17 박호견, 양윤재, 「고딕의 현대적 표현(크로스 리브 보울트 Cross Rib Vault) ; 한국 순교자 103위 시성기념성전」, 《건축설계》, AD press, 1996년 7월~8월(27).

18 위와 같음.

19 『서울의 건축, 좋아하세요?』, 최준석, 휴먼아트, 2012, 30쪽.

20 『흑산』, 김훈, 학고재, 2011, 104쪽.

21 루체른역 사진은 https://commons.wikimedia.org/wiki/File:Luzern_(6).jpg 참고.
암스테르담역 사진은 https://commons.wikimedia.org/wiki/File:Amsterdam_centraal_station.JPG?uselang=ko 참고.
동경역 사진은 https://commons.wikimedia.org/wiki/File:Tokyo_Station_Outside_view_201804.jpg?uselang=ko 참고.

22 〈서울역 디자인의 모체는 루체른역… 도쿄역 축소판 아니다〉, 《문화일보》, 2017년 8월 2일, http://www.munhwa.com/news/view.html?no=2017080201032812000001 , 2022년 1월 11일 검색.

23 『그리고 사진처럼 덧없는 우리들의 얼굴, 내 가슴』, 존 버거, 김우룡 옮김, 열화당, 2004.

24 『2012 대한민국 공공건축상 수상작 작품집』, 국토교통부, 국토교통부 건축문화경관과, 2012.

25 105쪽과 같음.

26 군사지구 개발계획도는 〈서천 군사지구도시개발사업 '첫 삽'〉, 《뉴스매일》, 2020년 4월 15일, http://www.newsmaeil.kr/news/

articleView.html?idxno=25617 참고.
서천군청 신청사 이미지는 〈서천군, 신청사 설계 공모 '마을과 함께하는 서천군청' 선정〉, 《뉴스스토리》, 2018년 12월 4일, http://www.news-story.co.kr/news/articleView.html?idxno=47715 참고.

27 ㈜비드종합건축사사무소 홈페이지, http://www.vide.kr/frame1.htm, 2022년 1월 10일 검색.

28 《제주일보》, 〈'섭지코지' 일대 3870억 투자… 해양관광단지 '탄력'〉, 2004년 11월 9일, http://www.jejunews.com/news/articleView.html?idxno=78232, 2021년 1월 27일 검색.

29 「제주도의 돌의 문과 바람의 문」, 안도 다다오, 《PLUS》, 플러스문화사, 2009년 7월(267), 16쪽.

30 자세한 자료와 설명은 일러두기의 수장고 URL 참고.

31 123쪽과 같음.

32 123쪽과 같음.

33 애양원 역사관의 원래 모습과 첫 번째 리모델링 사진은 여수애양병원 홈페이지 http://www.wlc.or.kr/ 참고.

34 「프로젝트 : 한센기념관」, 《SPACE》, 김종규, 공간사, 2015년 10월(575), 56쪽.

35 영화 〈1987〉의 장면은 〈오마이포토〉, 《오마이뉴스》, http://www.ohmynews.com/NWS_Web/View/img_pg.aspx?CNTN_CD=IE002264611&tag=1987&gb=tag 참고.

36 아라리오 뮤지엄 홈페이지, https://www.arariomuseum.org/architecture/#/ inspace.php, 2022년 1월 11일 검색.

37 〈어린이에 꿈을 심는 놀이집〉, 《경향신문》, 1980년 7월 11일, https://newslibrary.naver.com/viewer/index.naver?articleId=1980071100329205006&editNo=2&printCount=1&publishDate=1980-07-11&officeId=00032&pageNo=5&printNo=10702&publishType=00020 , 2022년 1월 11일 검색.

38 KT&G 상상마당 홈페이지, https://www.sangsangmadang.com/info/CC , 2022년 1월 11일 검색.

39 자세한 자료와 설명은 일러두기의 수장고 URL 참고.

40 건물의 원래 모습은 「대구 동산병원 구관 기록화조사보고서」 1쪽에서 볼 수 있다. 문화재청 홈페이지 http://116.67.83.213:18080/streamdocs/view/sd;streamdocsId=72059239637703490 참고.

41 자세한 자료와 설명은 일러두기의 수장고 URL 참고.

42 『한국의 주택, 그 유형과 변천사』, 임창복, 돌베개, 2011.

43 지랩 홈페이지, http://z-lab.co.kr/sinjinmalmasterplan , 2022년 1월 11일 검색.

44 위와 같음.

45 코스모40 블로그, https://m.blog.naver.com/cosmo_40/221503429909 , 2022년 1월 11일 검색.

46 「코스모40」, 《SPACE》, 2019년 3월 5일, https://vmspace.com/project/project_view.html?base_seq=NDc5 , 2022년 1월 11일 검색.

47 231쪽과 같음.

48 〈Lifestyle : 공장의 재발견〉, 《하퍼스 바자 코리아》, 2019년 2월 8일, https://www.harpersbazaar.co.kr/article/39909 , 2022년 1월 11일 검색.

49 노원구청 홈페이지, https://www.nowon.kr/mayor/user/bbs/BD_selectBbs.do?q_bbsCode=1044&q_bbscttSn=20110121000011547, 2022년 1월 18일 검색.

50 〈[뉴 프로젝트] 서울시립 북서울미술관〉, 『한국문화공간건축학회 Newsletter』, Vol.61 Autumn, 2013년 11월, 2쪽.

51 『건축가 이종호』, 우의정, 우리북, 2016.

52 〈양구, 박수근미술관 예술인촌 산림공원조성〉, 《뉴시스》, 2009년 9월 9일, https://news.naver.com/main/read.naver?mode=LSD&mid=sec&sid1=102&oid=003&aid=0002854976 , 2022년 1월 14일 검색.

53 자세한 자료와 설명은 일러두기의 수장고 URL 참고.

54 박수근미술관 홈페이지, http://www.parksookeun.or.kr/user_sub.php?gid=www&mu_idx=6, 2022년 1월 10일 검색.

55 「탁류」, 채만식, 한국저작권위원회 공유마당, https://gongu.copyright.or.kr/gongu/wrt/wrt/view.do?wrtSn=9001393&menuNo=200019, 2022년 1월 28일 검색.

56 〈나카무라 요시헤이의 서양건축양식의 수용과정과 그 의미〉, 김영재,

《대한건축학회논문집 계획계》, 제29권 제5호(통권295호), 2013.

57 나카무라 요시헤이와 안톤 펠러의 사진은 「구 조선은행 군산지점 기록화조사보고서」 53쪽에서 볼 수 있다. 문화재청 홈페이지 http://116.67.83.213:18080/streamdocs/view/sd;streamdocsId=72059239621065364 참고.

58 조선은행 군산지점의 옛 모습은 「구 조선은행 군산지점 기록화조사보고서」 45~46쪽에서 볼 수 있다. 문화재청 홈페이지 http://116.67.83.213:18080/streamdocs/view/sd;streamdocsId=72059239621065364 참고.

59 국립 아시아문화전당 홈페이지, https://www.acc.go.kr/info/contents.do?PID=0101 , 2022년 1월 18일 검색.

60 아시아문화전당 국제현상설계 공모전에 우규승이 제안한 설계안과 타 당선작은 건축도시연구정보센터(AURIC) 홈페이지 https://www.auric.or.kr/User/Bits/SubCompe.aspx?compe_id=4&cate=0&subcate=0 참고.

61 「어반 이슈: 국립아시아문화전당 당선작, 빛의 숲」, 《SPACE》, 우규승, 공간사, 2006년 1월(458).

62 위와 같음.

63 297쪽과 같음

64 『통영지지연구』, 국토지지연구회, 국토연구원, 2005, 162쪽.